인생이 풀리는 만능 생활 수학

Leben^2: Wie Sie mit Mathematik Ihre Ehe verbessern, länger leben und glücklich werden
by Christian Hesse

마트 줄 서기에서
모두가 행복한 가사분담까지

인생이 풀리는 만능 생활 수학

크리스티안 헤세 지음 | 강희진 옮김

해나무

차례

서문

사랑과 음악이 그러하듯 수학도 인간을 행복하게 만드는 기능이 있다. 수학이 모든 학문 중 가장 골치 아픈 학문이라는 풍문이 세간에 떠돌지만, 수학은 삶을 편리하게 만드는 동시에 많은 깨달음을 주는 학문이다. 만약 수학이 없었다면 인간의 문명은 최소 1000년은 퇴보했을 것이다.

수학은 결단코 머릿속에서만 일어나는 위대한 모험이 아니다. 수학은 억겁의 역사를 품고 있는 문화 자산이자 더는 해결책을 찾을 수 없을 때 큰 도움을 주는 고마운 친구이다. 보일러가 돌아가는 것도, 비행기가 날아가는 것도, 교각이 버티는 것도 모두 수학 덕분이라 해도 과언이 아니다. 새로운 밀레니엄의 초반을 살고 있는 우리는 수학이라는 위대한 도구가 거두어 올린 짜릿한 쾌거들을 결코 부인할 수 없다.

수학은 세계 7대 불가사의에 이은 8대 불가사의이다. 적어도 학문 분야에서는 불가사의라 불러도 무리가 없을 듯하다.

수학은 세상 모든 일에 조금씩 발을 담그고 있다. 일상 속 문제를 풀 때도 많은 도움을 준다. 수학을 활용하면 여러 상황에서 최적의 결정을 내릴 수 있고, 수많은 선택지로 뒤엉킨 수렁 속에서도 최고의 해답을 건져 올릴 수 있으며, 모두가 깜짝 놀랄 예측을 할 수 있고, 힘든 상황에서 화해를 끌어낼 수 있으며, 심지어 신의 존재도 입증할 수 있다. 그냥 하는 말이 아니다. 진짜다!

한마디로 수학은 '세상만사 모든 일에 있어 최고의 조언을 주는 위대한 조력자'이다. 이 책을 쓰는 취지 역시 그 사실을 널리, 똑똑히 알리기 위해서이다.

책을 읽는 독자들은 수학적 도구를 통해 행복한 결혼생활과 불행한 결혼생활을 구분하는 방법을 접할 것이고, 이를 활용해 파트너와의 관계를 개선하거나 끊어져가는 관계의 숨통을 다시 이을 수 있을 것이다.

어쩔 수 없이 파경을 맞이한 경우라면 지금 사는 집이나 또 다른 공동소유의 주택, 각종 보석류 등 물리적으로 쪼갤 수 없는 자산들을 공평하게 나누는 방법도 깨달을 것이다.

나는 이 책에서 일상 생활에 유용한 팁과 트릭을 다수 소개했다.

예컨대 로또에 관심이 많은 사람이라면 우연과 '운'에 의존하기보다는 '통계적으로 입증된 찍기 신공'을 통해 1등을 노리는 수백만의 경쟁자들을 물리치는 비법을 습득할 수 있다.

또 뭐가 있을까…… 그래, 암 진단을 받았어도, 검사 신뢰도가 99퍼센트에 달해도 당황하지 말고 우선은 침착해야 하는 이유는 뭘까?

세금환급신고서를 작성할 때 얄팍한 거짓말을 하면 안 되는 이유는 뭘까? 그게 얄팍한 속임수가 아니라 진실이라고 굳게 믿고 있다면, 어떤 점에 특별히 주의를 기울여야 할까?

발생률이 희박한 일이 일어났을 때도 기절초풍할 필요가 없는 이유는 뭘까? 지금 막 엄마 얼굴을 떠올리고 있는데 엄마한테 전화가 걸려왔다면 그건 깜짝 놀랄 일일까, 아닐까?

어떻게 집단지성을 활용해야 나도 좀 더 똑똑해질 수 있을까?

어떻게 하면 무식을 지식으로 포장할 수 있을까?

확률을 이용해서 어떻게 앞날을 최대한 정확하게 점칠 수 있을까?

나는 이 책을 통해 위에 나열한 질문들에 더해 약 20개의 질문을 제시하고, 최대한 쉬운 말로 답변했다. 수학에 관한 특별한 지식이 없어도 충분히 이해할 수 있다. 그것만큼은 미리 보장한다. 복잡한 공식이 등판하지 않기 때문에 잠들기 전 몇 분만 투자하면 한 장을 거뜬히 읽을 수 있다. 주말 아침에 일어나서 읽어도 좋고, 아무 때나 틈날 때 읽어도 좋다.

총 31개의 장으로 구성했지만, 서로 유기적으로 연결되지 않기에 굳이 순서대로 읽을 필요는 없다. 어떻게 읽든지 수학을 통한 '해피 아워 happy hour'를 충분히 즐길 수 있을 것이다. 개인적으로는 30개의 주제만으로도 인생의 모든 단면을 충분히 설명할 수 있다고 본다. 마지막 주제, 그러니까 31번째 장을 추가한 것은 혹시 모를 때를 대비해 책임져줄 누군가가 필요했기 때문이다. 그 누군가란 바로 신神이다!

01

행복한 결혼생활을 위한 수학

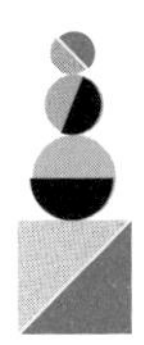

제임스 머레이와 존 가트맨은 신혼부부들에게 출산 계획과 같은
민감한 주제에 관해 대화를 나누게 했다. 그들의 목표는
지속 가능한 부부관계의 비결을 찾는 것이었다.

1919년 11월 6일, 무성영화 시절의 스타 루돌프 발렌티노Rudolph Valentino와 진 애커Jean Acker가 백년가약을 맺었다. '라틴 연인latin lover'으로 잘 알려진 발렌티노는 당대 최고의 섹스 심벌이었고, 영화감독이라면 누구나 러브콜을 보내는 캐스팅 1순위의 대스타였다.

결혼식 당일이었다. 새신랑 루돌프는 조금 전 자신과 평생 함께하겠노라고 맹세한 신부를 번쩍 안고 호텔 방 안으로 들어섰다. 그 과정에서 어떤 사고가 발생했는지는 알 수 없지만, 아무튼 신부는 신랑을 허

니문 스위트룸 밖으로 내쫓아버렸다. 문 앞에서 30분 동안 고함을 치던 루돌프는 결국 자리를 떠났다. 그것으로 두 사람은 영원히 갈라섰다. 평생을 함께하겠다던 이들이 단 6시간 만에 헤어졌고, 그 기록은 유명 인사의 초스피드 이혼 부문에서 지금도 당당히 1위 자리를 꿰차고 있다.

좋다, 인정한다, 너무 극단적인 사례였다. 보통은 그보다는 오래 결혼생활을 유지한다. 독일의 경우, 평균 결혼유지 기간이 14년이다. 서구 사회 전체의 이혼율도 50퍼센트에 달할 만큼 높은 편이다. 루돌프 발렌티노와 진 애커는 그보다 훨씬 더 빠른 속도로 이혼을 향해 돌진했을 뿐이다. 십수 년을 6시간으로 압축했을 뿐이다.

결혼한 이들 중 왜 절반은 가정을 유지하고 절반은 갈라설까? 왜 처음에는 서로 죽고 못 살다가 결국에는 서로 죽이지 못해 헤어질까? 어떤 부부가 잉꼬부부로 백년해로하고, 어떤 부부는 원수처럼 이를 갈다가 헤어질까? 결혼 전에 자신의 결혼생활이 행복할지 불행할지 미리 엿볼 방법은 없을까?

> 내가 있는 이곳이 과연 올바른 곳일까?
> 어쩌면 나 자신은 올바르지 않은데
> 올바른 사람과 결혼한 것은 아닐까?
> –애슐리 브릴리언트Ashleigh Brilliant
>
> 내 첨언: "혹은 반대일 수도 있겠지!"

분명 쉬운 일은 아닐 것이다. 제임스 머레이James Murray와 존 가트맨John Gottman은 수십 년 동안 그 해답을 찾기 위한 연구를 진행해왔다. 해당 연구팀은 수학자 한 명과 심리학자 한 명으로 이루어진 드림팀dream team이었다. 두 학자는 1970년대부터 신혼부부들을 대상으로 결혼생활에서 오는 스트레스 테스트를 했고, 수천 쌍을 실험실로 초대한 뒤 출산 계획, 시부모님이나 장인장모와의 갈등, 거금 지출로 인한 불화 등 결혼으로 인해 발생할 수 있는 민감한 주제들로 대화를 나누게 했다. 이때 피실험자들의 몸에 센서를 장착해 심장박동수와 피부온도를 체크하고, 의자 아래에 설치한 진동계로 불안감의 강도를 측정했다. 나아가 실험자들은 분노, 화해, 막무가내식 완고함, 한숨, 불평 등 피실험자들의 언어적, 비언어적 표현들에 점수를 매겼다. 상대방에게 진심어린 관심을 보일 때는 최고 점수인 +5점을 주었고, 상대방을 완벽히 깔보고 무시할 때는 최하점인 −5점을 주었다. 그렇게 한 쌍이 대화할 때마다 총 2000건의 플러스 점수 혹은 마이너스 점수가 합산되었다. 실험자들은 일정한 패턴을 발견하기 위해 해당 데이터를 면밀히 분석했다. 또 실험에 참여한 부부들에게 그로부터 몇 년이 지난 뒤, 아직 결혼생활을 유지하고 있는지 물었다. 두 사람의 목표는 유지된 결혼생활과 등을 돌린 부부관계의 차이점을 찾는 것이었다.

결국 머레이와 가트맨은 '5:1의 법칙'을 발견했다. 총 2000건의 항목 중 +점수를 얻는 항목이 −점수를 얻은 항목의 5배가 넘을 때 결혼 유지 확률이 90퍼센트가 넘는다는 법칙이었다.

마이너스 1점, 즉 한 차례의 부정적인 표현이나 몸짓, 행동 등은 단

한 번의 친절한 태도나 꽃다발 하나, 한 번의 관심만으로는 무마하기 어렵다. 부정적인 말이나 행동과 긍정적인 말이나 행동 사이에는 1:1의 상쇄 법칙이 통하지 않는다. 적어도 다섯 번은 애정과 관심을 쏟아야 한 번의 실수를 만회할 수 있다는 것이 바로 '5:1의 법칙'의 요지이다.

긍정 대 부정의 비율이 5:1 이하면 혼인관계가 파국으로 치달을 공산이 크다. 이혼한 부부 중 7년 안에 파경을 맞이한 이들의 비율이 무려 절반이다. 조기에 파탄을 맞은 부부들의 경우, 잦은 비난과 감정적 단절, 상호 무시처럼 인간관계를 망가뜨리는 또 다른 결정적 요인이 나타났다.

이혼한 부부들에게서 나타나는 또 하나의 패턴은 파국을 예측하게 하는 예비 신호가 전혀 없었다는 것이다. 이런 부부들의 경우, 결혼생활을 위협할 만큼 큰 스트레스는 없지만, 결혼을 계속 유지하게 할 긍정적 요인도 없다. 서로 무관심한 가운데 그저 한집에 같이 살 뿐이다. 이 경우에는 결혼생활에 종지부를 찍기까지 비교적 오랜 기간이 걸린다. 파국의 진행속도가 상대적으로 더디기 때문이고, 결혼생활 유지 기간은 평균 16년으로 나타났다. 자녀가 성장해서 독립한 뒤 이혼을 실천에 옮긴 이들이 많았다. 단둘만 남게 되자 같이 할 수 있는 일이 없었다.

아랍의 '파트너 교환'

1978년 사우디아라비아의 대도시 제다Jeddah에서 결혼식 관련 중대한 실수가 발생했다. 두 딸이 같은 날, 같은 장소에서 결혼식을 치르는데 노쇠한 아버지가 베일을 쓴 두 딸을 제대로 못 알아보고 엉뚱한 신랑에게 딸을 넘겨준 것이었다. 큰 행사를 치르느라 심신이 지쳐 있던 아버지가 비슷한 이름을 지닌 두 예비 사위의 이름을 착각하는 바람에 일어난 실수였다. 그런데도 그날의 혼인은 법적 효력을 가졌고, 엄격한 법도를 지닌 사우디아라비아에서는 손쉽게 해결할 수 있는 문제가 아니었다. 그런데 예식을 치르고 며칠 뒤 네 명의 당사자들, 즉 두 쌍의 신랑신부는 이혼하지 않겠다고 선언했다. 모두가 지금의 배우자가 원래 결혼하기로 예정했던 이보다 더 만족스럽다고 말한 것이다.

또 다른 근본적 질문이 있다. 결혼은 과연 할 만한 것일까? 답변은 명백하다. '그렇다'라는 것이다. 남녀 모두에게 결혼은 이득이라고 한다. 기혼자들은 혼자 사는 이들보다 대체로 행복한 편이다. 수명도 더 길다. 물론 전부가 아니라 대부분이 그렇다는 뜻이다. 과거 역사를 되돌아보면 그렇지 않은 경우도 있다. 아리따운 공주 일디코Ildiko와 혼인을 한 훈족의 국왕 아틸라Attila는 결혼식 당일 밤에 사망했다. 아틸라의 죽음과 관련해서는 여러 설이 있지만, 과다한 정욕 폭발로 인해 피를 토하고 사망했다는 설이 유력하다. 수많은 사람을 겁에 질리게 했던 정복자 아틸라의 결혼생활도 '라틴 연인' 루돌프 발렌티노만큼이나 순식간에 끝나버렸다.

아틸라는 극도로 예외적인 사례이고, 보통은 유부남의 수명이 비혼남의 수명보다 평균 9년 정도 길다고 한다. 여성의 경우는 6년이 긴 것으로 나타났다.

어쩌면 선택 과정에서 차이가 있었던 건 아닐까? 그러니까 건강한 사람들이 결혼 시장에서 더 유리한 고지를 차지하고 있지는 않을까 하는 것이다. 아무래도 건강한 이들이 결혼이라는 항구에 입항하는 비율이 비실비실한 사람들보다는 높겠지? 그러면 허약한 사람 중에는 독신이 많겠지? 원래 건강한 사람이 허약 체질보다는 오래 사니까, 그걸로 기혼과 미혼의 수명 차이를 설명할 수 있지 않을까?

그럴싸하게 들리지만 사실과는 다르다. 진실은 오히려 정반대이다. 덜 건강한 남성이 건강한 남성에 비해 일찍 결혼하고, 이혼율이 낮고, 재혼율 역시 건강한 남성에 비해 높은 편이다.

결국 결혼이 수명에 긍정적 영향을 미친다는 것이다. 통계학자들의 말에 따르면, 결혼생활이 그다지 행복하지 않을 때도 수명연장이라는 보너스를 얻는다. 행복한 결혼생활일 경우, 수명연장 효과는 당연히 더 커진다.

결혼은 건강을 증진한다. 결혼한 남성들은 술도 덜 마시고, 담배도 절제하고, 일은 조금 더 많이 하고, 이직률도 매우 낮다. 그런가 하면 결혼은 체중 변화와도 연관이 있다. 여성의 경우에는 결혼 뒤에, 남성의 경우에는 이혼 뒤에 체중이 급격히 증가하는 것으로 드러났다.

행복한 결혼생활을 위한 한 가지 중대한 비법은 여성에게 선택권을 주는 것이다. 지금 이 책을 읽고 있는 유부남들은 제발 마음에 깊이 새겨듣기 바란다. 결혼생활 유지 기간은 아내의 행복도와 비례한다. 행복한 아내가 남편도 행복하게 만든다. '아내가 행복하면 내 삶도 행복해진다Happy wife, happy life'라는 말도 있지 않은가? 그 말은 통계학적으로도 입증되었다. 이혼 서류를 제출하는 사람이 아내인 경우가 남편인 경우보다 압도적으로 많다는 점도 참고하시라!

이 많은 장점에도 독일의 혼인율은 줄어들고 있다. 2015년, 구 동·서독을 모두 합해 혼인 건수가 고작 40만 건이었다. 종전 시점으로부터 5년 뒤, 그해 혼인 건수가 75만 건이었던 것과는 비교할 수 없는 수치이다. 인구 1000명당 혼인 건수를 나타내는 조혼인율crude marriage rate은 지금과 비교할 때 무려 2배에 가까웠다.

혼인 연령이 조금씩 높아지는 점도 주목할 만하다. 현재 남성의 경우 평균 초혼 연령이 36.5세, 여성은 33.3세다. 남녀 간의 초혼 연령 차이는 부정적이라 할 수 없다. 오히려 긍정적이다. 통계학에서는 남편이 아내보다 다섯 살 많고, 아내가 남편보다 학벌이 더 좋을 때 결혼생활을 오래 유지할 확률이 가장 높다고 한다.

한편, 결혼식 당일에 예비 배우자와 대판 싸움을 벌이기 싫다면 결혼 비용도 예리하게 조정해야 한다. 결혼 비용이 결혼생활 유지 기간에 미치는 효과도 무시할 수 없기 때문이다. 예식을 치르는 데 드는 비용이 2만 유로 이상일 경우 이혼율은 확연히 높아지지만, 예식 비용이 적게 들수록 결혼생활을 오래 유지한다는 조사 결과도 있다. 그렇다고 결혼 반지에 돈을 너무 아껴서는 안 된다. 500유로도 안 되는 '싸구려' 반지를 마련했을 경우 이혼율이 높아진다는 통계가 있기 때문이다.

하객의 수가 많은 것은 또 긍정적이라고 한다. 많은 이들이 보는 앞에서 혼인서약을 한 만큼, 나중에 이혼하면 망신살도 더 널리 뻗치므로 어떻게든 이혼을 피하려는 본능이 발동하기 때문이다. 대신 웨딩드레스의 가격은 중요하지 않다. 비싼 드레스건 알뜰형 드레스건 어차피 한 번 입고 나면 웬만해선 다시 입을 일이 없다. 그런 의미에서 최근 '웨딩드레스 망가뜨리기trash the dress' 운동이 유행하는 것도 놀랄 일이 아니다. 웨딩드레스 망가뜨리기 축제에 참여한 여성들은 형형색색의 페인트를 드레스에 들이붓거나 드레스를 입은 채로 진흙탕 속으로 뛰어들며 잊지 못할 기념사진을 찍는다.

비록 혼인율이 낮아지고 있지만 그런데도 결혼은 지구상 수많은 이들이 동참하는 대규모 프로젝트이다. 독일 인구 8000만 명 중 결혼생활을 유지하고 있는 부부가 1800만 쌍이다. 그중 절반 조금 넘는 부부는 자녀가 없다. 생각해보면 자식만큼 이혼방지율을 높여주는 보증수표도 없다. 자녀의 수가 많으면 많을수록 수표의 위력은 더 강해진다. 자녀로 인해 부부가 오붓하게 단둘이 시간을 보낼 기회는 줄어들지 몰라도, 첫 아이가 태어나면서 이혼율은 50퍼센트에서 30퍼센트로 크게 줄어든다. 함께 낳아 기른 자녀가 3명일 경우에는 이혼율이 10퍼센트 수준으로 뚝 떨어진다. 아이가 곧 삶이다. 자녀가 곧 인생이다. 사람을 위한 삶, 사랑을 위한 삶이여, 영원하라!

02

최고의 파트너를 선택하는 최상의 비법

배우자를 선택할 때든, 인턴사원을 뽑을 때든, 집을 팔 때든
단기간에 결단을 내려야 한다. 기회가 왔을 때 낚아채야 할까?
아니면 다음 기회를 노려야 할까?

우테는 32세의 독신 여성이다. 이제 결혼을 하고 싶다. 적어도 마흔 번째 생일이 돌아오기 전까지는 반려자를 꼭 찾겠다고 결심했다. 예쁘고 매력적이고 똑똑한 우테와 결혼하겠다고 나서는 남성도 많았다. 평균 1년에 한 번은 프러포즈를 받았다. 양다리를 걸친 적은 없다. 한 사람과 데이트하다가 헤어지면 다른 사람을 만나는 식이었다. 몇 번 데이트를 한 뒤, 좋으면 계속 사귀고 싫으면 등을 돌렸다. 결별 통보를 받은 남성들은 아마도 다른 여성을 찾아 나섰을 것이다. 우테와 데이트한 남성 중 시간이 지난 후 여자 친구나 아내가 없는 이는 아무도 없었다. 우테는 마음이 급해졌다. 8년 동안 신랑감을 물색만 해서는 아무것도 안 될 것 같았다. 우테는 6년째 되던 해에 그 사실을 뼈저리게 깨달았다. 그렇게 해서는 결혼 시장에서 승리자가 될 수 없었다.

누구나 그렇듯 우테 역시 괜찮은 신랑감을 찾고 싶다. 자신의 능력으로 붙잡을 수 있는 최상의 남자와 결혼하고 싶다. 그러려면 어떻게 해야 할까?

일단은 타이밍이 중요하다. 예전에 자신에게 청혼한 남자들에게 만약 '예스!'라고 대답했다면 지금쯤 아마 후회하고 있을지도 모를 일이다. 혹은 방금 놓친 그 남자야말로 나중에 우테를 위해 정말 많을 것들을 해줄 수 있는 진정한 추종자였을지도 모를 일이다. 하지만 더 좋은 남자가 나타나기를 고대하면서 계속 '노!'를 외칠 수는 없다. 진짜로 백마 탄 왕자님을 놓쳐버릴 수도 있기 때문이다. 아쉽게도 백마 탄 왕자라는 환상은 적어도 지금까지는 충족되지 않았다.

살다 보면 이와 비슷한 상황에서 결정을 내려야 하는 경우와 자주 맞닥뜨린다. 인턴사원을 뽑아야 하는 상황을 가정해보자. 면접은 매일 보되, 그 자리에서 합격 여부를 즉시 통보해야 한다. 좀 더 똘똘한 인턴이 나타날 것을 기대하고 '노'만 외치면 언젠가는 내 마음에 딱 맞는 사원을 뽑을 수 있을까? 며칠 지나면 그 자리에 흔쾌히 채용하고 싶은 사람이 나타날까? 과연 시간이 해결책일까?

부동산 중개사도 마찬가지다. 매물을 내놓았더니 그 집을 사고 싶다는 이들이 몇몇 나타났다. 중개사는 그 사람들이 제시한 가격을 받아들일지 고민한다. 꽤 괜찮은 가격을 제시한 사람도 있지만, 그보다 높은 가격에 집을 사겠다고 나서는 사람이 있을지도 모르기 때문이다. 물론 그런 사람이 나타나지 않을 가능성도 있기에 고민은 더더욱 깊어진다.

지금까지 언급한 고민에는 공통점이 있다. 배우자를 선택할 때든, 인턴사원을 뽑을 때든, 집을 팔 때든 비교적 단기간에 결단을 내려야 한다는 것이다. 이는 선택지가 한꺼번에 주어지는 게 아니라 차례로 하나씩 주어지는 상황 전부에 적용할 수 있다. 그때 확 낚아채지 않으면 기회는 다른 사람에게 넘어간다.

그럴 땐 어떤 결정을 내려야 할까? 내가 만약 우테의 친구라면 어떤 충고를 해줄 수 있을까?

결혼을 결심한 우테 앞에 놓인 고민은 낭만적 고민일 뿐 아니라 수학적 고민이기도 하다. 심장, 머리, 직감 등 모든 감각이 딜레마에 빠진 상황이다. 우테의 진정한 친구라면 일단 여러 사람을 만나보고, 그 사람을 좀 더 알아보라고 권할 것이다. 일종의 테스트 기간을 거치라는 것이다. 그 동안 우테는 자신이 만나는 남자를 평가한다. 예컨대 자신의 이상형과 몇 퍼센트 일치하는지 등을 기준으로 점수를 매길 수 있다.

만약 우테가 상대방을 계속 평가만 하고 청혼을 수락하지 않는다면 어떻게 될까? 테스트 기간을 마냥 연장할 수만은 없지 않을까? 언젠가는 지금까지 청혼한 모든 이들보다는 못하지만, 급한 마음에 그나마 낫다 싶은 사람, 눈앞에 있는 사람을 선택하지 않을까?

결정을 내릴 때의 제1원칙

아무런 결정도 내리지 않는 것만큼 나쁜 결정은 없다!

– 하인리히 슈타세Heinrich Stasse

그렇게 계속 '간'만 보다가는 결혼에서 점점 더 멀어진다. 따라서 테스트 기간을 미리 정해야 한다. 이때 수학이 도움을 준다! '0.37의 법칙'이라는 탁월한 법칙이 우테에게 실제로 큰 도움을 줄 것이다. 원리는 간단하다. 결정을 내릴 때까지 주어진 시간(이 경우는 8년)에 0.37만 곱하면 된다. 즉 테스트 기간을 3년으로 잡고(8년 × 0.37 = 2.96년), 그 기간 이후에 만나는 남자 중 가장 마음에 드는 남자와 결혼하면 된다.

3년의 테스트 기간 이후에 마음에 드는 남자를 찾지 못했다면 손에 쥐었던 패들이 그만큼 나빴다는 뜻이고, 그 말은 마흔이라는 상한선을 위로 더 끌어올려야 한다는 뜻이다. 그런데도 0.37 전략은 분명 도움을 준다. 수학적으로 증명도 가능하다. 0.37의 법칙을 활용할 때 우테가 으뜸 신랑감을 붙잡을 가능성이 가장 크다. 여기에서 말하는 '가장 크다'는 37퍼센트라는 뜻이다. '고작 37퍼센트라고?'라는 생각이 들겠지만, 그보다 높은 확률을 기대하기는 사실상 불가능하다.

우연의 법칙에만 의존할 경우 우테가 좋은 신랑감을 선택할 확률은 13퍼센트밖에 되지 않는다. 정해진 기한, 즉 앞으로 8년 동안 8명의 남자밖에 평가하지 못할 것이기 때문이다(100퍼센트 ÷ 8명 ≒ 13퍼센트). 기한을 좀 더 연장하거나 단축한다 해도 별 도움이 되지 않는다. 성공 확률이 13퍼센트와 최대치인 37퍼센트 사이의 어딘가에 있을 것이기 때문이다.

0.37의 법칙은 기한만 알고 있을 때도 작동하지만, 사전에 몇 차례의 기회가 주어질지 알고 있는 경우에는 효과가 더욱 커진다.

잠시 장면을 전환해보겠다. 400년 전, 요하네스 케플러Johannes Kepler라는 천문학자가 살고 있었다. 케플러는 매우 열정적이고 매우 합리적으로 사유하는 학자였다. 행성의 운동에 관해 위대한 3가지 법칙도 제시했다. 1611년, 첫 부인과 사별한 케플러는 2년 안에 11명의 신붓감 중 재혼 상대를 선택하기로 했다. 케플러는 긍정적 마인드를 비롯해 다양한 장점이 있는 여성을 원했다. 예컨대 아름다운 용모까지 갖추고 있다면 그야말로 금상첨화였다.

아름다움의 다양성

저널리스트인 에스더 호니그Esther Honig는 2014년 자신의 사진 한 장을 25개국의 포토샵 전문가들에게 전송했다. '날 예쁘게 만들어주세요!Make me beautiful!'라는 메시지도 함께 보냈다. 사진 속 호니그의 모습은 화장기가 전혀 없고, 어떤 액세서리도 걸치지 않은, 자연 그대로의 모습이었다.

전문가들이 내놓은 결과물 사이에는 큰 차이가 있었다. 모로코의 포토샵 디자이너는 호니그의 머리에 히잡을 씌웠고,

그리스 디자이너는 보랏빛 아이섀도를 칠했다. 인도의 전문가는 호니그를 유채 초상화 속 주인공으로 바꾸어놓았고, 미국의 전문가는 위로 한껏 끌어올려 묶은 머리를 길게 늘어뜨렸다.

호니그가 감행한 실험의 결과는 아름다움의 기준이나 이상형에 얼마나 큰 다양성이 있는지를 생생히 보여준다. 문화권마다 미의 기준이 다르다. 역사적 변동도 미의 기준에 영향을 미친다. 400년 전만 하더라도 많은 남성이 선호한 신붓감은 건강미와 하얀 피부를 지닌 여성이었다. 즉, 케플러가 살았던 시절에는 새하얀 얼굴에 건강한 여성이 가장 매력적인 여성이었다.

케플러는 11명의 예비 배우자들을 차례로 심사했다. 여자 쪽에서 혼인 의사를 밝혔는데 케플러 쪽에서 거절한 경우도 있었다. 당연히 여성의 가족들은 모욕감을 느꼈을 것이다. 나중에 다시 연락한다 하더라도 만나줄 가능성은 제로에 가까웠다. 케플러는 4명의 여인에게 거절 의사를 밝혔고, 다섯번째 여인인 주잔나 로이팅거Susanna Reuttinger와 드디어 결혼에 골인했다. 당시 케플러는 본능적으로 0.37의 법칙을 따랐던 것으로 추정된다(0.37 × 11명 ≒ 4명). 케플러와 다섯번째 신부 후보감이었던 주잔나 사이에서 무려 7명의 자녀가 태어났으니, 케플러의 선택은 결과적으로 매우 성공적이었다.

중대한 질문 하나가 아직 해결되지 않았다. 0.37이라는 숫자는 대체 어디에서 온 걸까? 설마 하늘에서 뚝 떨어진 것은 아니겠지?

그렇다. 설마 그럴 리가 있겠는가! 0.37이라는 숫자는 모든 시대를 통틀어 가장 위대한 수학자 중 한 명으로 꼽히는 레온하르트 오일러 Leonhard Euler와 관련이 매우 깊다.

1707년에 태어나 1783년까지 바젤과 베를린, 상트페테르부르크 등지에서 살았던 오일러는 극도의 창작욕과 왕성한 생산력을 자랑하는 인물이었다. 학술 논문의 개수가 무려 886건이고, 그와는 별도로 20권의 위대한 저술을 남겼다. 그게 전부가 아니다. 3000건에 달하는 서신이 지금도 보존되어 있다. 나머지 3000건은 유실된 것으로 알려져 있다. 오일러라는 수학자의 에너지를 잘만 활용하면 발전소 하나는 거뜬히 돌릴 수 있었을 것이다.

자녀도 13명을 두었다. 오일러에게는 그 많은 아이가 자신의 작업 공간에서 마구 뛰놀 때, 발치 아래를 기어 다닐 때, 아이들이 곡을 연주할 때, 고양이가 자신의 어깨 위에서 편안히 쉬고 있을 때야말로 가장 집중이 잘 되는 시간이었다고 한다.

각설하고, 0.37은 유명한 '오일러의 수Euler's number'의 역수이다. 흔히 '*e*'로 줄여서 표기하는 오일러의 수는 $e = 2.718$……이고, 그 역수는 1을 2.718로 나눈 뒤 반올림한 값인 0.37이다. 참고로 오일러의 수는 우리가 상상할 수 없을 정도로 많은 분야에서 등장한다.

52장의 카드로 게임을 하는 트럼프 놀이를 예로 들어보자. 52장을 골고루 잘 섞는다는 가정하에, 카드를 섞은 다음에도 최소한 한 장의 카드가 똑같은 위치에 놓여 있을 확률은 얼마일까? 그 역시 바로 e의 역수인 0.37, 즉 37퍼센트이다.

누가 누구에게 선물을 주는지 모르는 '마니또 게임'에도 이 규칙을 적용할 수 있다. 많은 인원이 참가하는 어떤 파티에서 모두가 선물 한 개씩을 가져오는 상황을 상상해보자. 무작위 추첨으로 선물을 나눌 경우, 자신이 가져온 선물을 받게 되는 사람이 최소한 한 명 이상 있을 확률 역시 $1/e$이다.

오일러의 수의 역수가 역사적 파급력을 지닌 사례도 있다. 제2차 세계대전의 결과에 영향을 미친 것이었다! 농담이 아니다, 진짜다! 당시 독일군은 군부 내 각 부서 간에 은밀한 내용을 주고받기 위해 그 유명한 '에니그마Enigma'라는 암호 체계를 활용했다. 에니그마는 모든 문건에 포함된 알파벳들의 배열을 달리하며 매일 새로운 암호들을 생성했다. 원리는 다음과 같았다. 자판 한 개를 두드릴 때마다 여러 개의 케이블로 전기를 공급하는데, 일단은 전기가 송출되고 그 전기가 다시 자판으로 들어오는 방식이었다. 그렇게 암호화 작업이 진행되었고, 전기가 송출된 전선을 통해 다시 되돌아올 수 없었기 때문에 어떤 알파벳이 동일한 알파벳으로 암호화될 가능성은 전무했다. 즉 암호화 작업을 실행하는 과정에서 '자기암호화'의 가능성을 완전히 차단한 것이다.

난공불락으로 보이는 에니그마에도 커다란 약점이 있었다. 에니그마가 생성한 전체 암호 중 $1/e$, 즉 37퍼센트는 쓸 수 없는 암호라는 것이다. 영국의 수학자 앨런 튜링Alan Turing은 에니그마가 지닌 이 커다란 약점을 정확하게 공략했고, 이로써 특정 시점부터는 연합군이 나치 독일의 전쟁 계획을 미리 알 수 있었다. 이 때문에 연합군 최고 사령관이었다가 미국의 대통령이 된 드와이트 D. 아이젠하워Dwight D. Eisenhower는 수학자 한 명이 제2차 세계대전의 결과를 결정지었다고 말했다.

03

승자도 패자도 없는 '장미의 전쟁'

브람스-테일러 분할법은 무언가를 나눠 갖는 문제에 있어
세계 최고의 방법으로 여겨진다. 이 방법이 최상의 방식이라는 것은
수학적으로 증명 가능하다.

서구 세계에서는 결혼한 두 쌍 중 한 쌍이 이혼한다. 그 말은 독일에서 연간 25만 쌍이 서로 등을 돌린다는 뜻이다. 이혼할 때 가장 문제인 것은 바로 재산분할이다. 재산분할이 평화롭게 이뤄지는 경우는 거의 없다. 폭언과 폭력이 오가지 않으면 그나마 다행이다. 이혼 또는 재산분할을 둘러싼 '장미의 전쟁'이 진흙탕 싸움으로 변하는 경우도 많다. 장미의 전쟁은 결국 두 사람 모두를 절망의 구렁텅이에 빠뜨린다.

이혼 방지용 '꿀팁'

통계에 따르면 남편과 아내의 이름first name이 같은 알파벳으로 시작하는 부부의 이혼율이 더 낮다고 한다.

분할을 둘러싼 다툼 이야기는 성경에도 나온다. 솔로몬 왕이 아이를 둘러싼 두 여인의 갈등을 현명하게 해결했다는 일화는 누구나 알고 있는 이야기다. 그래도 조금만 소개하겠다. 솔로몬 앞에서 두 여인이 서로 자기가 아기의 친모라 우긴다. 솔로몬은 지혜로운 판결을 내린다. 검 하나를 치켜든 뒤 아이를 반으로 갈라서 두 여인에게 공평하게 나누어주겠다는 것이다. 한 여인이 제발 멈추라고, 자신이 아이를 포기할 테니 아이에게 칼을 대지 말라고 간절히 애원한다. 솔로몬 왕은 그 여인에게 아이를 건네준다. 그 여인이 친모일 확률이 훨씬 더 높다는 이유 때문이다. 정말이지 현명하고 올바른 판단이라 아니할 수 없다. 문제는 이혼을 앞둔 부부 앞에는 솔로몬처럼 현명한 재판관이 앉아 있지 않다는 것이다.

두 여인 중 아이의 친모를 가리는 일은 비교적 간단했다. 하지만 서로 원수처럼 으르렁대며 갈라서기로 마음을 굳힌 부부 앞에 놓인 재산은 과연 어떻게 나눠 가져야 공평할까?

미국 대통령 도널드 트럼프Donald Trump를 예로 들어보자. 대통령에 당선되기 한참 전인 1991년, 트럼프는 첫번째 아내와의 이혼 분쟁으로 정신이 없었다. 당시 트럼프의 아내는 이바나Ivana였다. 분할해야 하는 재산은 코네티컷에 소재한 저택과 플로리다의 마라라고 리조트, 뉴욕의 아파트 한 채, 트럼프타워의 복층 주택, 그리고 6000만 달러의 현금이었다.

어림셈으로 나누기엔 너무 큰 규모였기에 공정한 절차가 시급했다. 만약 세계에서 가장 오래된 분할 전략을 활용했다면 어땠을까? 해당 전략은 사실 '전략'이라고 부르기에 민망할 정도로 간단하다. '내가 나눌게, 넌 골라'가 바로 그 전략이다.

'분할선택법choose and divide method'은 단순하지만 꽤 공평한 방식이다. 분할하는 사람에게 너무 큰 자유재량이 주어진다는 맹점도 있다. 이미 나뉜 조각 중 하나를 선택하는 사람의 입장에서는 꿔다 놓은 보릿자루처럼 손 놓고 기다렸는데 분할자가 나눈 방식이 마음에 들지 않을 수도 있기 때문이다.

분할도 학습이 필요하다!

어느 실험에서 어린아이들에게 친구 한 명과 케이크를 나누라고 요구했다. 이때, 분할자 역할을 맡은 아이들에게는 케이크를 자른 뒤 둘 중 한 조각을 먼저 선택할 수 있는 권리를 주는 대신, 만약 나머지 아이가 남은 조각에 만족하지 못하면 네가 가져간 조각을 도로 빼앗겠다고 설명했다. 실험에 참여한 5세 아동 중 케이크를 공평하게 나눈 아이는 얼마 되지 않았다. 대부분은 자기가 먼저 선택할 수 있다는 것까지만 기억한 채 현저한 차이가 나게 케이크를 자른 뒤 큰 조각을 덥석 집었다.

이 경우에는 어쩌면 20년 전 스티븐 브람스Steven Brams와 앨런 D. 테일러Alan D. Taylor가 개발한 방법이 더 적절하지 않을까 싶다. 둘 중 한 명은 정치학자이고 한 명은 수학자인데, 이 둘이 개발한 방법을 이해하려면 머리를 약간은 굴려야 한다. 브람스와 테일러는 '점수 매기기 시스템'을 활용했다. 두 사람이 제안한 방식은 다음과 같다. 먼저 분할 대상 목록을 작성한 뒤 각자 각 항목에 점수를 매기고, 둘 중 높은 점수를 매긴 사람이 해당 항목을 차지한다. 그다음 각자 차지한 항목들의 점수를 합산한다. 합산점수에 차이가 있으면 약간의 조정이 필요하다. 이거면 끝이다. 그릇에 재료들을 꾹꾹 눌러 담은 뒤 5분 만에 뚝딱 테린을 만드는 시간보다 더 짧은 시간이면 충분하다.

아무래도 위의 설명으로는 부족하니 좀 더 구체적으로 살펴보자. 분쟁 당사자인 두 사람은 각기 100점을 손에 쥐고 있다. 그 점수를 각 분할 대상 목록에 나눠서 총 100을 맞춰 적어넣는다. 반드시 갖고 싶은 대상에 더 높은 점수를 매길 것이다. 없어도 그만이라는 물건 옆에는 낮은 점수를 기재한다. 그렇게 점수를 기재한 뒤에는 재산분할을 시작한다. 둘 중 더 높은 점수를 적은 사람이 해당 대상물을 갖는다.

두 사람 다 자신들이 눈독 들인 물건을 손에 쥐었다. 다음 단계는 합산점수가 높은 사람이 합산점수가 낮은 사람에게 자기가 이미 손에 넣은 대상물을 다시 나눠 주는 것이다. 만약 두 사람의 합산점수가 같다면 이미 분할 과정은 끝났다. 하지만 두 수치에 차이가 있다면 조정을 해야 형평성에 어긋나지 않는다.

양보는 둘 중 합산점수가 높은 사람의 몫이다. 둘이 비슷한 점수를 매긴 대상물 혹은 동일한 점수를 매긴 대상물을 다시 '토해내야' 하는 것이다. 그 결과, 마지막에는 두 사람의 합산점수를 서로 나눈 값이 정확히 1이거나 최소한 1에 근접한 숫자가 나온다. 1에 근접한 숫자로는 만족할 수 없다면, 다시 말해 최고의 공평성을 추구하고 싶다면 쪼개기 힘든 대상물을 억지로라도 쪼개서 나눈 뒤 정확히 1로 조정해야 한다.

도널드와 이바나의 사례로 되돌아가보자. 예를 들어 도널드는 코네티컷 저택/마라라고 리조트/뉴욕 아파트/트럼프타워 내 복층 주택/현금에 각기 10/35/20/15/20점을 주었고, 이바나는 35/10/25/10/20을 주었다고 가정해보겠다.

	코네티컷 저택	마라라고 리조트	뉴욕 아파트	트럼프타워 내 복층 주택	현금
도널드	10	35	20	15	20
이바나	35	10	25	10	20

도널드는 리조트가 가장 소중했던 모양이고, 이바나는 코네티컷의 저택이 가장 탐났던 모양이다. 반대로 도널드는 저택에 가장 낮은 점수

를 주었다. 현금에 둘 다 똑같은 점수를 매겼고, 그 점수가 대략 평균값쯤이라 볼 수 있다.

이제 분할이 시작된다. 코네티컷의 저택과 뉴욕의 아파트는 이바나가 차지한다. 도널드보다 거기에 더 높은 점수를 주었기 때문이다. 도널드는 마라라고 리조트와 트럼프타워 내 복층 주택을 차지한다. 지금까지 이바나의 취득물 합산점수는 35+25=60이고, 도널드의 합산점수는 35+15=50점이다.

남편의 점수가 10점 뒤처진다. 일단은 남아 있는 마지막 자산, 즉 현금을 도널드에게 준다. 그러면 20점이 추가되기 때문에 도널드의 점수가 70이고, 60점인 이바나보다 거꾸로 10점을 앞선다. 일단 재산분할의 1라운드는 그렇게 끝났다. '1라운드'라고 말하는 이유는 둘의 합산점수가 비슷하지만 아직 완전히 일치하지 않았기 때문이다.

지금부터는 둘의 합산점수를 서로 나눈 수가 1이 되게 하기 위한 미세조정 작업이 시작된다. 어디 보자…… 남편이 차지한 항목 중 아내도 비슷한 점수를 매긴 항목이 뭐였더라? 아, 현금이었군. 심지어 도널드와 이바나는 현금 항목에 동일한 점수를 매겼다. 그중 일정한 비율(예컨대 x)만큼을 이바나에게 나눠 주면 도널드의 합산점은 70점에서 $20x$만큼을 뺀 수가 된다($70 - 20x$). 반대로 이바나의 합산점은 60에다 $20x$를 더한 점수가 된다($60 + 20x$). 이 두 공식을 잘 들여다보면 $x = 1/4$이 되어야 한다는 사실을 금세 알 수 있다. 그렇게 하면 둘 모두의 합산점수가 65로 동일해진다. 도널드는 현금 6000만 달러 중 4분의 1, 즉 1500만 달러를 이바나에게 건네야 한다. 결과적으로 이바나는 현금 1500만 달러와 코네티컷의 저택, 뉴욕의 아파트를 차지하고, 나머지는 도널드의 수중에 그대로 남는다.

위 사례에서 브람스와 테일러의 분할 방식, 즉 점수 매기기 시스템은 환상적으로 작동했다. 도널드와 이바나의 실제 재산분할 결과도 위 사례와 거의 비슷했다. 브람스와 테일러가 점수 매기기 시스템을 세상에 발표하기 이전이니 당연히 그 방법을 쓴 것은 아니었다. 하지만 꽤 합리적으로 보이는 점수부여 시스템을 이용해서 가상으로 분할한 결과와 트럼프 부부의 실제 재산분할 결과는 거의 일치했다.

'브람스-테일러 분할법'은 다양한 장점들을 내포한다. 우선 무엇보다 정의롭다! 분쟁 당사자인 남편과 아내 모두 자신이 50퍼센트가 넘는 재산을 차지했다고 믿기 때문이다. 위 사례에서는 심지어 둘 다 65퍼센트를 기록했다. 실제로 이 시스템을 활용하면 대개 모두가 분할 대상 자산의 3분의 2가량을 차지했다고 믿게 된다. 즉 지저분해질 수도 있는 싸움이 패자는 없고 승자만 두 명인 '윈윈win-win' 게임으로 승화하는 것이다.

두번째 장점은 '부러움을 유발하지 않는' 분할 방식이라는 것이다. 이 방식을 활용하면 상대방이 차지한 것을 자신이 못 가져서 배가 아픈 사태는 일어나지 않는다. 두 사람이 차지한 것을 일대일로 다시 맞교환한다 하더라도 총 합산점이 더 높아지지 않기 때문이다.

셋째, 그야말로 '더할 나위 없는 최상의' 분할 방식이다. 이보다 나은 분할 방식은 아마도 찾아보기 어려울 것이다. 도널드에게 더 큰 몫이 돌아가는 동시에 이바나에게는 결코 불이익이 돌아가지 않게 자산을 나누는 묘수는 존재하지 않기 때문이다. 반대도 마찬가지이다.

넷째, 몇몇 학자들은 이 방식을 '최소 분할 방식'이라 부르고 싶을지도 모르겠다. 단 한 개의 항목만 분할하면 되기 때문이다.

합산점을 일치시키기 위해 나누어야 할 대상물이 물리적으로 쪼개기 불가능한 경우에는 분쟁 당사자들 간의 합의가 필요하다. 이를테면 대상물을 1년 중 1개월은 한 명이 쓰고, 나머지 11개월은 다른 한 명이 쓰는 식으로 합의를 보는 것이다. 혹은 해당 대상물을 처분한 후 그 수익을 적정 비율에 따라 분할하는 방식도 고려할 수 있다.

위와 같은 장점들 덕분에 브람스-테일러 분할법은 무언가를 나눠 갖는 문제에 있어 세계 최고봉으로 여겨진다. 브람스-테일러 분할법이야말로 수학적으로 증명이 가능한 방식이요, 정의롭고 부러움을 유발하지 않는 더할 나위 없는 최상의 방식, 나아가 최소의 분할만을 요구하는 유일한 솔루션이기 때문이다. 그런 점에서 브람스-테일러 분할법에 경례!

한 가지 꼭 언급할 부분이 있다. 분쟁 당사자마다 시각이 다를 수밖에 없다는 점이다. 예컨대 여기에서 말하는 '정의'가 절대적, 객관적 정의가 아니라 양측이 합의한 주관적 정의를 뜻한다는 점, 나아가 두 사람이 무엇을 더 소중하게 여기는지에 따라 갖고 싶은 것도 달라지기 때문에 절대적, 객관적 정의는 완벽히 실행되지 않을 수도 있다는 점을 고려해야 한다는 것이다. 그런데도 브람스-테일러 분할법은 양측 모두가 만족하는 정의를 실현하고, '윈윈' 상황을 탄생시킬 힘이 충분하다.

브람스-테일러 분할법은 이혼 시 재산분할뿐 아니라 다양한 방면에서 갈등을 해소하는 '천하무적 팔방미인'이다. 과거 수많은 국제협상이 나 영토분할, 각종 논쟁에서도 이 분할법은 자신의 역할을 톡톡히 해냈다. 노사 간 임금협상 시에도 이보다 좋은 방법은 없다. 브람스-테일러 분할법을 적용할 수 있는 분야는 무궁무진하다. 양측 모두가 만족할 수 있는 해결책을 찾아내는 데에 이보다 좋은 방법은 없다. 브람스-테일러 분할법은 특허까지 취득했다.

개인적으로는 이스라엘과 팔레스타인 사이의 분쟁에도 브람스-테일러 분할법을 적용하면 어떨까 싶다. 아마도 해당 지역에 영구적 평화가 정착하지 않을까?

브람스-테일러 분할법은 전 세계 모든 갈등에 대한 수학적 해답이다. 수학으로 세계평화에 기여하는 것이다!

04

모두가 행복한 가사분담 방식

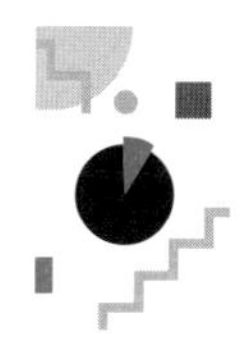

무언가를 나누어야 할 사람이 두 사람일 때는
문제가 간단히 해결된다. 세 사람일 때는 어떨까?
그 때는 슈타인하우스 규칙이 필요하다.

카로가 가족회의를 소집했다. 빵 구매부터 상차림, 상 치우기, 설거지까지 혼자서 가사노동 대부분을 떠맡는 게 신물이 났기 때문이다. 남편인 아르네와 아들 베르트는 손 하나 까딱하지 않는다. 적어도 카로가 보기엔 그렇다. 이제 변화가 필요하다! 이렇게 살 수는 없다!

아이가 태어나기 전까지는 가사노동을 비교적 쉽게 분담했다. 둘이 함께 해야 할 일들의 목록을 작성한 뒤, 한 명이 그 목록을 둘로 적당히 나누면 나머지 한 명이 둘 중 마음에 드는 하나를 고르는 식이었다. 분할선택법에 따라 두 사람이 가사노동을 공평하게 분담해온 것이다. 어느 연구에 따르면, 공평한 가사노동 분담이 결혼생활의 유지 여부를 결정짓는 3대 항목 중 3위에 해당한다. 1위와 2위는 신뢰와 잠자리가 차지했다.

공평한 가사노동 분담이 낳은 '대참사'

"난 유리창을 닦겠다고 했어요. 창턱에 다리미판을 하나 걸치고 내가 밖으로 나가 그 위에 서서 창 바깥쪽을 닦았어요. 나보다 무게가 더 나가는 남편은 창턱 안쪽에 걸쳐진 다리미대 위에 앉아서 안쪽을 닦고 있었죠. 갑자기 초인종이 울렸어요. 남편이 현관문을 열었을 때 그 앞에 서 있던 사람은 다름 아닌 나였죠. 지금도 그때 누가 벨을 누르고 도망갔는지 알 수 없답니다."

—『슈피겔*Spiegel*』

무언가를 나누어야 할 사람이 두 사람일 때에는 문제가 간단히 해결된다. 그런데 카로와 아르네 사이에 베르트라는 아들이 더해져도 그렇게 간단할까? 아마도 셋 중 한 명이 일감을 대체로 공평하게 3개의 그룹으로 나누고, 나머지 두 사람은 그중 한 그룹을 고르면 될까? 만약 그 둘이 똑같은 그룹을 선택한다면? 제비뽑기하는 것은 좋지 않은 방법

같다. 자기가 원하던 그룹을 차지하지 못한 사람은 분명 불만이 생길 테니까.

공평함을 보장하는 일은 부러움을 유발하지 않는 상황을 구현하는 것보다 쉽다. '공평함'이란 다른 이들도 나만큼 만족하거나 혹은 나만큼 불만이 많은 상태를 뜻하기 때문이다. '부러움을 유발하지 않는 상태envy-free'란 나머지 사람들이 각자 주어진 몫에 만족하고, 타인의 몫과 자신의 몫을 교환하고 싶어 하지 않는 상태를 뜻한다.

분할에 관한 수학 이론을 처음 연구하기 시작한 학자는 폴란드의 후고 슈타인하우스Hugo Steinhaus다. 슈타인하우스는 제2차 세계대전 동안 공평함에 대해 많이 고민했다. 1943년에는 「슈타인하우스 규칙Steinhaus-Protocol」이라는 논문을 발표하기도 했다. 이 논문에서 슈타인하우스는 분할선택법의 대상을 2인에서 3인으로 확장했다.

예를 들어 케이크를 나눠 먹는다고 가정하자. 누군가는 속에 든 재료를 더 좋아하고, 누구는 겉의 딱딱한 빵 부분을 좋아하고, 나머지 한 명은 크림만 좋아한다면 어떤 상황이 벌어질까? 케이크 하나를 똑같이 3분할했다면 모두가 만족스러울까? 그렇지 않다. 각자의 입맛에 따라 똑같은 케이크 조각에 각자가 느끼는 만족도는 충분히 달라질 수 있다.

「슈타인하우스 규칙」에서 저자는 5단계를 거치면 3명 모두가 만족하는 방식으로 케이크를 분할할 수 있다고 주장한다.

1) 아빠(아르네)가 자신이 생각하는 공평한 방식으로 케이크를 3등분한다.

2) 아들(베르트)은 세 조각 중 적어도 두 조각이 마음에 든다면 아무런 이의를 제기하지 않는다. 그렇지 않은 경우라면 두 조각에 '문제가 있다'라고 말한다.

3) 아들이 불만을 토로하지 않은 경우, 엄마(카로), 아들, 아빠 순으로 마음에 드는 조각을 고른다. 엄마는 가장 먼저 고를 수 있어서 만족한다. 아들은 앞서 최소한 두 조각이 마음에 들었고, 그래서 이의를 제기하지 않았다. 엄마가 자기가 마음에 들어 했던 두 조각 중 하나를 골랐다 하더라도 여전히 마음에 드는 한 조각이 남아 있으므로 불만을 품을 이유가 없다. 남편도 적어도 주관적 관점에서는 세 조각 모두 똑같은 가치를 지니게 케이크를 자른 사람이기 때문에 불만을 품지 않는다.

4) 아들이 이의를 제기한 경우라면, 엄마도 2)와 똑같은 기회를 지닌다. 최소한 두 조각이 마음에 들면 항의하지 않고, 마음에 드는 조각이 두 조각 미만이면 '문제가 있다'라고 선포할 수 있다. 엄마가 이의를 제기하지 않는 경우, 아들, 엄마, 아빠 순으로 각자 마음에 드는 조각을 선택한다. 이렇게 하면 이번에도 세 사람 모두 불만을 품지 않는다.

5) 만약 아들과 엄마 모두 이의를 제기한 경우라면 아빠는 엄마와 아들이 공통으로 마음에 들지 않는다고 가리킨 조각을 선택하고, 그것으로 분할 과정에서 제외된다. 아빠는 자신이 자른 조각 중 하나를 선택했으니 불만을 품지 않는다.

엄마와 아들은 자신들이 싫다고 지목한 조각을 방금 아빠가 가져갔으니 남은 케이크 조각들의 가치가 전체 케이크의 3분의 2 이상이 된다. 따라서 불만을 품을 이유가 없다. 이제 남은 두 조각을 하나로 이어붙인 뒤 한 사람이 케이크를 자르고 나머지 사람이 선택한다.

수학적 착각

"6조각으로 잘라주세요. 8조각은 다 못 먹을 것 같군요."

– 주문한 피자를 6조각으로 자를지 8조각으로 자를지 묻는 직원의 질문에 야구선수 댄 오신스키Dan Osinski가 한 대답

요리, 쓰레기 처리, 장보기, 주방 청소, 빨래, 집 정리 등 가사노동도 '슈타인하우스 규칙'을 이용해 공평하게 분배할 수 있다. 가족회의를 소집한 엄마가 각각의 가사노동에 부담지수를 매긴다고 가정해보자. 수치가 높을수록 부담도 커진다. 엄마는 요리–쓰레기 처리–장보기–주방 청소–빨래–집 정리에 각기 25–5–20–10–15–15라는 점수를 매겼다. 아들은 30–5–30–10–10–10을 주었고, 아빠는 25–10–15–15–15–20을 부여했다(부담지수의 총점이 같을 필요는 없다—옮긴이). 단, 이 점수들은 독자와 나만 아는 것이다. 그래야 분배 과정을 더 잘 이해할 수 있기 때문이다. 엄마와 아빠, 아들은 다른 사람이 각 항목에 몇 점을 주었는지 알지 못한다. 이 상태에서 세 사람은 슈타인하우스 규칙을 따라간다.

	요리하기	쓰레기 버리기	장보기	주방 청소	빨래	집 정리
엄마	25	5	20	10	15	15
아들	30	5	30	10	10	10
아빠	25	10	15	15	15	20

먼저 엄마가 자신의 점수를 기준으로 공평하게 일거리를 세 그룹으로 나눈다. 요리와 쓰레기 처리가 1그룹이고, 장보기와 주방 청소는 2그룹, 빨래와 집 정리는 3그룹이다.

아들은 1그룹과 2그룹이 그다지 좋지 않다고 생각한다. 아빠는 1그룹과 3그룹이 마음에 들지 않는다. 이에 따라 엄마는 1그룹, 즉 요리와 쓰레기 처리를 도맡아야 한다. 이로써 분할 과정에서 제외된다.

아빠와 아들은 남은 일감을 놓고 재분배에 들어간다. 가위바위보를 해서 이긴 아들이 일거리를 두 그룹으로 분류한다. 아들은 2그룹에 있던 주방 청소 항목을 3그룹으로 옮긴다. 2그룹에는 장보기만 남아 있다. 그래야 자기 점수표에 따라 공평한 그룹이 만들어지기 때문이다. 아빠는 당연히 그룹 2, 즉 장보기를 선택한다. 그게 자신의 점수표에 따르면 3그룹보다 부담지수가 낮기 때문이다. 아들에게는 남은 3그룹(주방 청소, 빨래, 집 정리)이 돌아간다. 공평하고 정의로운 분배가 이뤄졌지만 세 사람 모두가 만족하는 것은 아니다. 엄마는 아빠가 부럽고, 아빠가 선택한 일감과 자신이 도맡은 일을 맞교환하고 싶다. 엄마의 점수표에 따르면, 아빠에게 돌아간 일감의 부담지수가 더 낮기 때문이다.

슈타인하우스 규칙은 공평하고 정의로운 분배는 보장할지 몰라도 부러움이나 시기심까지 차단하지는 못한다.

부러움을 유발하지 않는 공식은 슈타인하우스 규칙보다 훨씬 더 복잡하다. 사람 수가 n명으로 늘어나도 부러움을 유발하지 않는 분할 방식은 2015년에 발견되었다. 그것은 하리스 아지즈Haris Aziz와 사이먼 맥켄지Simon McKenzie가 올린 쾌거였다. 우선 사람 수가 3명일 때를 가정해 아지즈와 맥켄지의 분할법으로 케이크를 다시 잘라보자.

아빠가 자신이 보기에 동등하게 세 조각으로 케이크를 나눈다. 아들과 엄마는 그중에서 각자 가장 마음에 드는 조각을 고른다. 아들과 엄마가 고른 조각이 서로 다르면 둘 다 자기 마음에 드는 조각을 갖는다. 남은 조각은 아빠의 몫이고, 이로써 모두가 만족하는 방식으로 문제를 해결했다.

문제는 아들과 엄마가 가장 마음에 든 조각이 동일한 상황인데, 그 경우에는 예를 들어 엄마가 자기가 제일 갖고 싶은 조각에서 약간 잘라낸다. 1순위 조각에서 일부를 잘라냄으로써 두번째로 자기 마음에 드는 조각과 동일한 가치가 되도록 만드는 것이다. 그다음 엄마의 1순위 조각에서 잘린 작은 조각은 일단 치워 두고, 이제 아들, 엄마, 아빠 순으로 케이크 조각을 고른다.

만약 아들이 엄마의 1순위 조각을 가져가지 않으면 엄마가 그 조각을 갖는다. 지금까지는 부러움이나 질투심을 유발하지 않는 방식으로 분할이 진행되었다. 아들은 자기가 가장 먼저 고를 수 있으니 그것으로 만족하고, 엄마는 자신의 1순위 조각과 2순위 조각이 동등한 가치를 지닐 수 있도록 1순위 조각을 조금 잘라냈으니 만족한다. 아빠는 맨 먼저 케이크를 잘랐으니 만족한다.

남은 분할 과정에서는 엄마와 아빠가 역할을 바꾼다. 이제 엄마의 1순위 조각에서 잘라낸 작은 조각을 나눠야 하기 때문이다. 엄마는 그 작은 조각을 다시 공평하게 3등분한다. 다음 아들, 아빠, 엄마 순으로 잘려나간 조각을 다시 3등분한 조각들을 고른다. 2라운드 분할 역시 질투심이나 부러움을 자극하지 않는다. 아들은 가장 먼저 조각을 고를 수 있으니 행복하고, 아빠는 엄마보다는 먼저 고를 수 있으니 화가 나지 않는다. 엄마 역시 자신이 직접 작은 조각을 3등분했으니 화를 낼 이유가 없다. 이걸로 분할 과정은 끝났다. 속상한 사람은 아무도 없다!

아지즈와 맥켄지의 분할 방식을 가사노동에 적용할 경우, 엄마는 요리와 쓰레기 처리를 담당하고, 아빠는 장보기와 주방 청소를, 아들은 집 정리와 빨래를 담당한다. 결과는 공평하고 정의롭다. 각자의 점수표에 따라 각자 맡은 임무를 합산할 경우, 누구도 부담지수가 30을 넘어가지 않기 때문이다. 누가 누구를 부러워하지도 않는다.

그런데 사람이 3명 이상으로 늘어나면 분할 과정이 극도로 복잡해진다. 부러움을 유발하지 않게 분배하려면 분할 작업은 더더욱 까다로워질 수밖에 없다. 더러는 공평한 분배만으로 만족해야 한다. 나누는 사람이 4명인 경우인 상황을 예로 들어보자. 참고로 사람 수가 4명보다 더 늘어나도 똑같은 방식을 적용한다.

분할 대상은 롤케이크이다. 롤케이크 위에 4명 모두가 자신이 보기에 공평한 분할지점을 표시한다. 각자가 생각하는 공평한 1/4, 2/4, 3/4

지점을 표시하는 것이다. 이 상태에서 가장 왼쪽에 있는 지점과 그 바로 오른쪽에 있는 지점 사이를 일단 자른다.

그 첫 조각은 1/4 지점을 가장 왼쪽에 표시한 사람, 즉 첫번째 조각을 4명 중 가장 짧게 설정한 사람의 몫이 된다. 그 사람은 자기가 공평하다고 생각하는 1/4조각보다 조금 더 받았으니 만족해야 마땅하다. 나머지 3명도 모두 만족스럽다. 첫번째 사람이 자신들이 생각했던 공평한 1/4조각보다 덜 가져갔기 때문이다. 그 후 해당 과정을 반복한다. 한 명이 빠졌으니 이제 3명이 분할한다. 그 과정을 계속 되풀이하면 분할 대상자가 3명에서 2명으로 줄고, 결국에는 분할 과정도 끝난다.

05

암 선고를 받아도 침착해야 하는 이유

의학계는 오진단율 제로에 도전하고 법조계도 오판율 제로를 추구한다. 미안하지만 어디까지나 도전과 추구에 지나지 않는다. 오진과 오판이 완전히 사라질 수는 없다.

심각한 편두통에 시달리는 여성이 다양한 병원을 찾아 검진을 받았다. 치과 의사는 아말감으로 충치를 때운 게 두통의 원인이라며 아말감을 제거하자고 했다. 산부인과 의사는 지금 당장 자궁을 들어내야 한다고 경고했다. 호르몬을 편두통의 원인으로 지목한 것이다. 이비인후과 의사는 부비강副鼻腔에 문제가 있어 두통이 오는 것이라며 상악동上顎洞 수술을 권했다. 정형외과 의사는 경추頸椎에 문제가 있다고 진단했다. 류머티즘 전문의는 환축추環軸椎 관절이 불안정하다고 보았다. 영양학자는 티라민이 많이 함유된 음식물을 섭취한 것이 원인이라고 말했다.

치료학은 정확한 과학이 아니다. 어느 의학자가 내게 해준 말이다. 의사의 진단 역시 100퍼센트 정확하지 않다. 우리 몸은 건강하거나 아프기만 한 것은 아니다. 그 사이에 '회색지대'가 분명 존재한다. 각종 검사 역시 오류가 전혀 없는 것은 아니다.

유방조영술을 예로 들어보자. 실제 유방암 환자를 대상으로 유방조영술을 실시했을 경우, 100명 중에 90명은 유방암 진단을 받는다(유방암에 걸렸음에도 조영술로 잡아내지 못하는 확률은 10퍼센트). 반대로 유방암 환자가 아님에도 조영술 결과 유방암 양성 판정이 나올 확률은 100명 중 7명이다! 이는 '위양성률false positive rate'이라는 것인데, 이 경우는 위양성률이 7퍼센트다. 어떤 의학적 진단 테스트에도 위양성률은 존재한다. 물론 분야마다, 질병마다 위양성률에는 차이가 있다. 임신 조기 진단 테스트의 경우 위양성률이 유방암 진단 위양성률과 비슷한 수준이다. 반면 통상적인 에이즈 테스트의 경우에는 오류율이 0.5퍼센트다.

유방암은 쉰 살 전후 여성들의 암 사망원인 중 단연 1위를 차지할 만큼 위험한 질병이다. 그 연령대의 여성이 유방암에 걸릴 확률은 0.8퍼센트다. 즉 1000명 중 8명이 유방암에 걸리는 것이다.

자, 지금부터 본론이다. 만약 어떤 여성이 유방조영술 결과 양성 판정이 나왔다면 그녀의 반응은 어떨까? 당연히 공포에 사로잡힐 것이다.

그런데 그러지 않아도 괜찮다! 해당 여성이 실제로 유방암에 걸렸을 확률이 절대로 90퍼센트가 아니기 때문이다. 위에서 유방조영술의 정확도가 90퍼센트라고 했지만, 실제로는 그렇지 않다는 것이다.

해당 여성이 유방암 환자일 확률은 다행히 그보다 훨씬 낮다. 왜 그런지 지금부터 입증해보겠다. 우선 내가 쉰 살의 여성이라고 가정하겠다. 참고로 내 아내도 그 정도 나이이다. 머릿속에 1000명의 대표집단을 그려보자. 여기에서 말하는 '대표집단'이란 50대 여성들로 구성된 1000명인데, 그중 8명은 유방암 환자이고, 992명은 유방암 환자가 아니다. 유방암 환자 8명이 유방조영술을 실시하면 그중 90퍼센트, 즉 7명이 양성 판정이 나온다(유방조영술의 정확도가 90퍼센트이므로). 그런데 앞서 유방조영술의 위양성률이 7퍼센트라고 말했다. 즉 유방암에 걸리지 않는 992명 중 70명(7퍼센트)도 유방암에 걸린 것으로 진단한다. 결과적으로 1000명 중 77명(7명 + 70명)이 유방암 양성 판정 통보를 받는다. 하지만 77명 중 진짜 유방암 환자는 7명뿐이다. 유방암 양성 판정을 보인 여성 11명 중 한 명만이 실제로 유방암에 걸렸다는 뜻이다.

따라서 양성 판정이 나왔다 해서 하늘이 무너지고 땅이 꺼질 듯한 공포심에 빠질 이유는 없다. 공포심은 재검사, 정밀검사를 거친 후에 가져도 늦지 않다. 아니, 반드시 그래야만 한다. 2016년 베를린에서 어느 여성이 유방암 양성 진단을 받은 뒤 스스로 목숨을 끊었다. 부검 결과, 그 여인은 그 어떤 암에도 걸리지 않은 것으로 드러났다. 꽤 오래전 얘기지만, 예전에는 에이즈 양성 판정을 받고 자살한 이들도 꽤 많았다.

진단 오류가 초래하는 치명적 결과를 방지하기 위해 의학계에서는 오진단율 제로에 도전하고 있다. 법조계도 오판율 제로를 추구하고 있다. 미안하지만 어디까지나 도전과 추구에 지나지 않는다. 오진과 오판이 완전히 사라질 수는 없다. 당뇨병 환자를 수술대에 눕혀 놓고 괴사하지 않은 다리를 절단하는 실수가 언제 또다시 일어날지 아무도 알 수 없다. 참고로 해당 환자는 결국 양다리를 모두 잃었다.

살인범으로 몰려 35년 동안 수감생활을 한 남자의 이야기도 있다. 수사팀의 유전자 분석 결과, 진범이 잡히고 그 사내는 무죄를 입증했다. 풀려난 사내는 얼마 지나지 않아 스스로 생을 마감했다. 자유에 적응하지 못했다. 이 역시 오판이 부른 대참사가 아닐 수 없다.

그런가 하면 오진으로 인한 재미있는 사건들도 있다. 99세의 어느 오스트리아 노부인은 소변검사 결과 임신 진단을 받았다. 해당 여성은 오진 결과에 알 수 없는 미소를 지었고, 딸에게도 그 '희소식'을 전했다. 뉴스는 독일 전역에 널리 퍼졌고, 모두가 한마디씩 거들면서 웃음으로 대응했다.

의학 발달의 역설

의학의 비약적인 발달과 더불어 사람의 평균 건강도는 오히려 낮아진 것으로 드러났다. 이유는 간단하다. 의학의 도움이 없었다면 이미 사망했을 이들이 아직 죽지 않고 살아남아서 질병 발생률을 끌어올리고 있기 때문이다. 참고로 국민의 건강도가 가장 높은 나라, 의료사고 관련 소송 건수가 가장 적은 나라는 병에 걸린 환자가 그 어떤 치료도 받지 못하고 그냥 사망하는 나라이다.

–『도이체스 알게마이네스 존탁스블라트』(1988)

오류나 실수가 개선과 발전으로 이어질 수 있다. 대자연이 유전적 특징을 아무 손실 없이 복제하는 기술을 터득했다면 지금 우리는 원생액原生液, primeval soup을 떠다니는 단세포동물에 불과하지 않을까? 오류가 없다면 돌연변이도 없고, 돌연변이가 없다면 진화도 없으며, 진화가 없다면 지금의 인류도 존재하지 않을 것이다.

영국의 미생물학자 알렉산더 플레밍Alexander Fleming을 예로 들어보겠다. 플레밍은 포도상구균을 배양 접시에 놓아둔 채로 여행을 떠났다. 집에 다시 돌아왔을 때 접시 위에는 푸른곰팡이가 피어 있었고, 플레밍은 쓸모가 없어진 접시를 쓰레기통에 버리려 했다. 그때 특이한 점 하나가 눈에 띄었다. 푸른곰팡이 주변에는 박테리아가 없다는 사실, 즉 무균 상태라는 사실을 발견한 것이다. 곰팡이가 배출한 물질 때문에 박테리아가 죽은 것이었다. 플레밍은 해당 물질을 심층적으로 연구했고, 그 물질을 이용하면 포도상구균의 증식을 막을 수 있다는 사실을 발견했다. 그 물질을 이용해서 만든 약물에 곰팡이의 이름을 따서 '페니실린'이라는 이름을 붙였다. 질병 치료 분야에 혜성처럼 등장한 그 항생제는 전 세계를 휩쓸었고, 인간의 평균수명을 10년가량 연장했다. 나도 페니실린의 도움을 몇 번 받았다.

의료 테스트와 관련해 마지막으로 한 가지 더 언급하겠다. 질병 진단용 테스트가 가장 먼저 도입된 분야는 바로 중독 테스트 분야였다. 목표는 모든 중독자를 색출하는 것이었다. 하지만 '생사람을 잡는' 상황을 완전히 배제할 수 없었다. 중독자가 아닌데도 중독자로 판명이 난 경우가 더러 있었다. 공항에 배치한 마약 탐지견들은 코를 킁킁거리며 냄새를 맡아서 마약이 있는 가방을 귀신같이 찾아낸다. 하지만 탐지견들도 반입 불가한 물품이 전혀 없는 가방 앞에 버티고 앉는 실수를 저지른다. 그런 면에서 중독 테스트는 마약 탐지견과 닮은 점이 있다.

거듭된 오진

아서 우드Arthur Wood는 제1차 세계대전에 참전하기를 원했다. 신체검사를 담당했던 군의관은 우드에게 심각한 심장병이 있다고 진단하며 시한부 인생을 선고했다. 제2차 세계대전이 터지자 우드는 다시 군대에 지원했다. 그러나 이번 의사도 우드에게 (먼젓번과는 다른) 심장질환이 있다고 진단했고, 역시나 얼마 살지 못하고 생을 마감할 것이라 말했다. 그러나 우드는 21세기 초반, 향년 105세로 눈을 감았다.

유방조영술은 위양성률이 꽤 높은 검사법이다. 만약 유방암 양성 판정의 정확도가 현저히 낮다면 유방조영술이 대체 뭔 소용인지 따져 묻지 않을 수 없다. 그렇다고 유방조영술의 효용이 아예 없다는 말은 아니다. 음성 판정을 받은 여성들은 자신이 유방암 환자가 아닐 확률이 매우 높아서 안심할 수 있기 때문이다.

그건 또 왜인지 이번에도 숫자로 검증해보겠다. 이번에는 대표집단을 50대 여성 1만 명으로 잡겠다. 앞서 말했듯 50대 여성이 유방암에 걸리는 확률은 0.8퍼센트이다. 1만 명 중 80명은 실제 유방암 환자고 9920명은 건강한 이들이라 가정할 수 있다. 유방암의 위양성률은 7퍼센트다. 따라서 유방암에 걸리지 않은 9920명 중 93퍼센트, 즉 9226명은 음성 판정을 받는다(9920명 × 0.93퍼센트 ≒ 9226명). 유방조영술의 정확도, 다시 말해 실제 유방암 환자에게 조영술을 실시했을 때 양성 반응이 나올 확률은 90퍼센트다. 그 말은 곧 유방암에 걸렸음에도 음성 판정을 받을 확률이 10퍼센트라는 뜻이다. 결론적으로 이번 가설에서 실제 유방암 환자 80명 중 10퍼센트인 8명은 음성 판정을 받는다. 음성 판정을 받은 여성 9234명(9226명 + 8명) 중 8명만이 진짜 유방암 환자라는 뜻이고, 이는 1000분의 1보다 더 낮은 확률이다. 음성 진단이 나온 경우는 자신이 유방암 환자가 아닐 확률이 0에 가깝다고 생각해도 큰 무리는 없다. 하지만 양성 진단을 받으면 반드시 정밀 재검사를 받는 것이 좋다.

모든 테스트는 위양성률을 내포한다. 100퍼센트의 정확도는 존재하지 않는다. 잔여 불확실성residual uncertainty은 언제든지 남아 있기 마련이다. 게다가 수많은 테스트들이 암이나 당뇨, 폐결핵 등 발병 확률이 아주 낮은 사안들을 검사 대상으로 삼고 있다는 단점도 내포한다.

여기에서 말하는 '테스트'를 협의가 아닌 광의에서 이해할 필요가 있다. 넓은 의미에서 볼 때 화재경보 역시 일종의 테스트이다. 자기 주변에 지금 막 무언가가 불타고 있는지를 확인하기 위한 테스트이다. 화재경보기의 정확도는 상당히 높은 편이다. 불이 났을 때 울리지 않는 경우도 드물고, 불이 나지 않았을 때 울리는 경우도 드물다. 하지만 실제로 내 주변에 무언가에 불이 붙어 화재로 이어지는 상황은 그보다 더 드물다. 화재경보기의 오작동률이 생각보다 높게 느껴지는 이유는 바로 그 때문이다.

개인적으로 그와 관련한 일을 겪은 적이 있다. 대학교 재학 시절 나는 기숙사에 살았다. 커다란 기숙사 건물 내에 설치된 화재경보기는 평균 한 달에 한 번은 울렸고, 그럴 때마다 소방차가 출동했지만 불이 난 적은 단 한 번도 없다. 지나가는 소방관 누구를 잡고 물어봐도 똑같은 대답이 돌아올 것이다, '헛출동'을 한 적이 한두 번이 아니라고…….

결론: 어떤 의료 검진에서 양성 판정을 받았다 하더라도 최대한 침착함을 유지하자. 곧장 공포에 사로잡히는 대신 양성 판정 대부분이 오진이라는 점을 상기하자. 첫번째와 다른 방법으로 재검사를 하고 정밀진단을 받자. 다른 의사의 소견도 들어보자. 대부분 경보가 거짓 경보라는 점도 꼭 기억하자!

06

집단지성으로
더 똑똑해지기

집단지성이 최대한의 힘을 발휘하려면
집단 내에 다양한 의견이나 특성, 성향 등이 공존해야 한다.
집단 내 개개인의 독립성도 당연히 중시되어야 한다.

100년 전 영국의 통계학자 프랜시스 골턴Francis Galton은 어느 날 시골마을 장날을 구경했다. 그날 거기에서 재미난 행사가 개최되었다. 황소의 몸무게를 알아맞히는 게임으로, 가장 근접한 수를 말한 이가 우승해 상품을 차지하는 방식이었다. 약 1000명가량이 황소의 체중을 어림했다. 개중에는 농부나 정육점 주인도 있었고, 내로라하는 황소 전문가들도 있었다. 그런데 그 사람들이 제시한 값을 모두 더한 뒤 전체 인원수로 나눈 평균값이 황소의 실제 체중에 가장 가까웠다. 황소 전문가들조차도 평균값보다 조금 더 높거나 낮은 수치를 제시했다.

이것이 바로 '집단지성collective intelligence'이다. 쉽게 말해 어떤 분야 최고 전문가의 의견보다 수많은 이들로 구성된 집단이 더 똑똑하다는 뜻이다.

장면을 바꿔보자. 50년 전 미국의 잠수함이 물에 가라앉았다. 많은 전문가들이 나서서 샅샅이 뒤졌지만 결국 잠수함을 찾지 못했다. 수색 대상 지역이 너무 광범위했다. 모두가 잠수함 찾기를 포기할 무렵, 어느 장교가 쉽게 이해하기 힘든 아이디어를 제안했다. 전문가들을 소집한 뒤 지금까지 파악한 정보들을 모두 제공하고, 각 전문가들에게 잠수함의 위치를 예측하게 해보자는 것이었다. 해당 장교는 전문가들의 의견을 모두 취합한 뒤 평균값을 추출했다. 실제로 잠수함은 그 평균값에서 단 200미터 떨어진 곳에 있었다. 각 전문가가 제시한 값 중에는 그만큼 가까운 값이 없었다.

집단지성은 일상생활에도 큰 도움을 준다. 10년 전만 하더라도 라디오에서 알려주는 정체구간의 3분의 1은 틀린 정보였다는 게 공공연한 사실이다. 아무리 빨리 알려줘도 이미 정체가 풀린 경우가 그만큼 많았다. 지금은 수많은 운전자가 사용하는 휴대폰의 위치추적을 통해 정체구간 데이터를 분석한 뒤, 라디오 교통방송 등에서 해당 정보를 알려준다. 특정 구간의 정체 여부나 정체 해소 여부를 거의 실시간으로 정확히 중계한다.

보행로의 위치를 설정하기 위해 실시한 오리건 대학교의 실험도 집단지성의 가치를 보여주는 좋은 사례이다. 통행이 여의치 않은 길이라 하더라도 많은 이들이 밟고 지나가면 자연스럽게 보행로가 생기는 원리를 이용해서 보행로 위치를 최적화하려는 실험이었다. 오리건 대학교는 1960년대 들어 대대적인 캠퍼스 정비 작업에 착수했다. 건축가들은 건물들 사이의 모든 보행로를 해체한 뒤 잔디를 심었다.

몇 달 후 보행로의 윤곽이 드러났다. 학생들이 자주 밟고 지나간 지점들이 연결되어 보행로가 탄생한 것이다. 건축가들은 그 길에 아스팔트를 깔았다. 학생들이 '집단행동'을 통해 자신들이 원하는 보행로를 확보한 것이다. 건축가들은 학생들이 직접 정한 길 외에 추가로 다른 보행로를 설치하지 않았다.

집단지성이 최대한 힘을 발휘하려면 집단 내에 다양한 의견, 특성, 성향 등이 공존해야 한다. 집단 내 개개인의 독립성도 당연히 중시해야 한다. 무리 내의 개개인이 서로의 의견을 많이 알수록 집단지성의 힘이 그에 비례해서 줄어든다는 연구 결과가 있다. 즉 상대방에 대한 정보가 많을수록 집단의 사유 방향이 결국 '일방통행로'로 간다는 것이다.

'이네무리' 문화와 집단지성

일본의 직장 상사들은 회의 도중 잠깐씩 조는 척할 때가 있다. 직원들이 자유롭게 의견을 개진할 수 있게 배려하는 것이다. 실제로 일본 사회는 서열관계가 매우 엄격하다. 상사와 한자리에 있다는 것만으로도 평사원들은 부담을 느낀다. 상사가 참가하는 회의에서 평사원은 감히 입을 떼기 어렵다.

일본의 직장 상사들은 이렇듯 그 자리에 있으면서 잠을 자는 행위, 즉 '이네무리居眠り'를 통해 회의에 참여한 모두에게 자유를 주면서 집단지성의 힘을 최대화한다. 하지만 독일인 평사원이 섣불리 따라 하다가는 낭패를 보기 쉽다. 일본에서는 이네무리 문화가 이미 정착되었지만 독일 사회는 아직 회의 중에 잠이 드는 사원을 용인할 만큼의 너그러움을 갖추지 못했다. 모든 분야가 그렇듯, 문화도 학습이 필요하다!

집단연구가인 디르크 헬빙Dirk Helbing 교수도 집단지성이 '내부 정보'와 이어질 때의 맹점을 입증한 바 있다. 헬빙은 100명이 넘는 대학생들에게 스위스의 인구밀도를 어림짐작해보라고 요구했다. 자신의 예측에 얼마나 확신하는지도 알려달라고 말했다. 같은 피조사자들을 대상으로 설문조사는 몇 차례에 걸쳐 되풀이되었다. 1라운드 설문조사가 끝난 뒤 헬빙은 조사에 응한 학생들에게 평균값이 얼마인지를 알려주었고, 2라운드가 끝난 뒤에는 참가자들의 답변에 대한 개개인의 자체 신뢰도가 얼마인지도 알려주었다.

그랬더니 1라운드에 제출한 답변들이 그다음 라운드에서 제출한 답안보다 더 현실에 가까운 것으로 드러났다. 다시 말해 첫번째 설문조사에서 보여준 집단지성의 힘이 가장 강력했고, 거기에서 도출한 평균값이 진실에 가장 가까웠다. 다른 응답자의 정보를 더 많이 알수록 조사

참가자들의 의견은 한 방향으로 기울었고, 예측값들 사이의 편차는 줄어들었다. 그에 반비례해 자신의 예측값에 대한 신뢰도는 상승했지만, 결과적으로 집단지성의 힘은 줄어들었다.

다문화와 지성의 상관관계

다문화적 특성을 가진 팀의 실적이 그렇지 않은 팀보다 뛰어나다는 연구 결과가 있다. 신경과학자 데이비드 록David Rock은 수백 개의 기업을 대상으로 조사를 진행했고, 문화적 다양성이 큰 업체일수록 더 많은 고객을 확보하고 더 큰 수익을 올린다는 사실을 확인했다. 노벨상 수상자 중 서로 다른 문화권에서 온 학자 두세 명이 함께 팀을 이뤄 작업한 사례가 많다는 통계 역시 흥미롭다. 결론적으로 다문화적 특성이 강할수록, 집단적 사고방식에 의한 영향력이 낮을수록 집단지성의 힘은 강해진다. 참고로 학자 3명이 모인 그룹도 일종의 집단이고, 그 그룹에서 도출한 학술적 결과 역시 집단지성의 범주에 속한다.

그런데도 대중이 '저평가된 천재'라는 사실만큼은 분명하다. 무리 안에서 가장 똑똑한 사람이 혼자 머리를 굴릴 때보다 무리 전체가 힘을 합칠 때 더 똑똑한 해결책을 찾는 경우가 결코 적지 않다.

한 가지 놀라운 사실은 아리스토텔레스Aristoteles도 이미 집단지성에 대해 사유한 바가 있다는 것이다. 아리스토텔레스는 『정치학*Politika*』에서 "소수보다는 다수의 결정이 최고의 결정일 때가 많다는 말은 충분한 개연성과 방어력을 지닌 것으로 보인다. 어쩌면 그게 진실일지도 모른다"라고 말했다. 그 말이 바로 진실이다!

우리도 집단지성을 활용해 더 똑똑해질 수 있다. 어떤 사람들과 함께 단체로 여행을 가기로 했는데 갑자기 그 도시의 주민이 몇 명인지 궁금해졌다고 가정해보자. 혼자서 끙끙 앓는 대신 동행들에 의견을 물어보고 평균값을 내보시라. 혼자서 예측한 값보다 동행들이 말한 값의 평균값이 진실에 더 가까울 것이다.

심지어 '예/아니요' 질문에서도 집단지성이 작용한다. 단 집단지성을 도출하기까지의 과정이 좀 더 예리해야 한다. 그렇지 않으면 다음과 같은 오류가 발생하기 때문이다.

'호주의 수도는 시드니일까, 아닐까?'라는 질문이 바로 그것이다. 이 질문에 대다수는 '그렇다'라고 대답한다. '아니다'라는 답변은 소수에 지나지 않는다. 그 소수는 대개 호주의 수도가 시드니가 아니라 캔버라라는 대단한(?) 상식을 보유하고 있는 이들이다.

위에서 보듯 '예/아니요' 질문에서 덮어놓고 집단지성의 힘을 믿어버리면 진실을 말한 소수의 의견은 묵살되고 만다. 거짓이 참을 이기는 것이다. 약간의 기지만 발휘하면 힘없는 소수가 강력한 다수의 힘을 약화할 수도 있다. 그 속임수는 다음과 같다. 예컨대 선다형 질문을 제시하면서 자신과 똑같은 답을 체크한 응답자의 비율이 얼마나 높을지를 예측해보라고 한다. 이렇게 할 때 생산적인 피드백 회로feedback loop가 창출된다.

지금까지 각 응답자는 선다형 답안 중 한 개를 골랐고(1단계), 자신과 똑같은 답을 체크한 사람의 비율이 얼마쯤일지를 수치로 제시했다(2단계). 이제 2단계의 평균값보다 더 많은 이들이 고른 답을 최종 답안으로 결정한다. 기대했던 것보다 채택률이 더 높은 답안을 최종 답안으로 채택하는 것이다. 이 방법이 바로 드라젠 프렐렉Drazen Prelec이 고안한 '놀랄 만한 대중성 알고리즘surprisingly popular algorithm'이다.

프렐렉의 알고리즘이 통하는 원인은 무엇일까?

어떤 질문에 응답자의 90퍼센트가 정답을 선택했고 10퍼센트가 오답을 선택했다면 해당 질문을 받지 않은 나머지 사람 중 대다수도 정답을 알고 있다고 봐도 무방하다. 따라서 정답을 선택한 응답자들의 기대치(자신과 동일한 답을 선택한 사람의 비율에 대한 응답자들의 주관적 의견)도 대개 80퍼센트 선을 맴돈다.

위 질문에서 10퍼센트는 오답을 선택했다. 오답을 선택한 응답자들의 기대치는 분명 10퍼센트를 현저히 웃돌 것이다. 즉, 이 경우에서는 실제 오답률(10퍼센트)이 오답을 선택한 이들의 기대치(10 + x퍼센트)보다 낮은 것이다. 하지만 정답을 선택한 90퍼센트의 응답자들의 기대치(80퍼센트)는 실제 정답률(90퍼센트)보다 낮았다.

만약 어떤 질문에서 오답률이 70퍼센트라면? 몇 명의 전문가들만이 정답을 알고, 자기 답변의 정확도에 확신이 넘친다면 어떤 상황이 펼쳐질까? 이 경우, 오답을 선택한 다수가 제시하는 기대치는 대개 70퍼센트 선으로 매우 높은 편이다.

하지만 정답을 선택한 소수의 기대치는 몹시 낮을 공산이 크다. 아마도 실제 정답률보다 훨씬 낮을 것이다. 그 사람들은 자신이 알고 있는 그 지식을 알고 있는 사람이 많지 않다는 것을 이미 알고 있기 때문이다. 하지만 전체 응답자의 기대치를 합하면 정답자들의 기대치보다 '놀라우리만치 높은 인기도'를 확보한다. 총기대치보다 응답률이 높은 답변이 정답일 확률이 더 높아지는 것이다.

프렐렉의 알고리즘은 뮌히하우젠Münchhausen(허풍선이 남작)이 활용했던 속임수와 유사하다. 허풍선이 남작도 그릇된 주장을 하는 다수의 늪에서 빠져나오기 위해 사람들이 잘 모르는 지식을 가진 소수의 전문가를 동원한 적이 있다.

사용 시 주의사항: 집단지성을 덮어놓고 아무 데나 적용할 수는 없다. 이를테면 삶의 의미를 묻는 말에는 집단지성이 통하지 않는다. 철학적 사유가 뒷받침되어야 하고, 자기만이 답변할 수 있는 영역이 분명 존재한다. 하지만 몇몇 영역을 제외한 많은 분야에서 집단지성을 십분 활용해볼 것을 강력히 권한다!

07

알아맞히기 게임에서 영리하게 머리 굴리기

로또 당첨률을 인위적으로 높일 수는 없다. 하지만 방법이 아예 없는 것은 아니다. 우연에 맞서 싸울 수는 없어도 다른 응모자들과 맞서 싸우는 것은 가능하기 때문이다.

1999년 4월 10일은 디터에게 행운의 날이었다. 하지만 행운은 불운이라는 친구를 데리고 다가왔다. 행운은 가짜 행운이었고, 불운은 진짜 불운이었다. 그날 디터에게 무슨 일이 일어난 걸까?

평범한 날이 최고의 날!

영국의 어느 프로그래머가 20세기 동안 세계 각지의 미디어에서 거론한 3억 건의 사건 사고 관련 인물, 발생 장소, 사건의 내용 등을 수집하고 이를 자신의 컴퓨터에 입력했다. 먼저 발생한 사건이 다음 사건에 미치는 영향력을 분석하는 프로그램도 설치했다. 이후 컴퓨터는 주인의 질문에 차례대로 답했다. 20세기에 속하는 모든 날 중 가장 지루한 날, 이렇다 할 사건이 없었던 날이 언제였냐는 질문에 컴퓨터는 1954년 4월 11일이라는 날짜를 제시했다. 그날은 일요일이었는데, 해당 프로그래머의 데이터베이스에 등록된 사건이 딱 3가지다. 어느 축구선수가 사망했고, 어느 지역 선거가 있었고, 훗날 어느 대학의 교수가 된 압둘라 아탈라Abdullar Atalar가 태어났다. 개인적으로는 그날이 나만의 은밀한 기념일이다. 기가 막히는 일들이 시시각각 벌어지는 요즘 시대를 사는 현대인에게 가장 필요한 날이 바로 이런 평범한 날이 아닐까? 모든 것이 여유롭고 고요한 그런 날이야말로 진정한 기념일이 아닐까? 글쎄, 압둘라 아탈라는 반대할지도 모르겠지만!

그날은 디터가 산 로또의 결과가 발표되는 날이었다. 1등 당첨을 확인한 디터는 쿵쾅거리는 가슴을 진정시킬 수 없었다. 그러나 곧 자신이 고른 숫자, 즉 2/3/4/5/6/26을 고른 이들이 4만 명에 달한다는 사실을 알았다. 기쁨은 나누면 2배가 된다는 말도 있지만, 로또에는 절대 해당하지 않는 말이다! 디터의 당첨금은 379마르크였다. 디터 외에도 약 4만 명이 그 당첨금에 만족해야 했다. 1/2/3/4/5/6보다는 좀 더 복잡한 조합을 선택했지만, 머리를 아주 많이 굴리기는 귀찮았던 이들은 벼락부자가 되는 대신 '쥐꼬리 당첨금'이라는 날벼락을 맞아야 했다.

1부터 49까지의 숫자 중 6개를 고르는 로또에서 나올 수 있는 숫자 조합은 총 1398만 3816개이다. 누군가 내게 1유로 동전 49개를 내밀고, 그중 한 개의 뒷면에 나만 알아볼 수 있게 표시를 해두라고 요구한다고 가정해보자. 그런데 동전 뒷면에 표시하는 사람이 나 외에도 약 1400만 명이라면? 1400만 개의 동전을 아우토반 위에 나란히 연결하면 베를린에서 킬Kiel까지 이을 수 있다. 총 350킬로미터에 달하는 거리이다.

이제 나는 차를 몰고 베를린에서 출발해 킬시市를 향해 달린다. 어느 지점에서 차를 멈춘 뒤 동전 하나를 집어들고 뒷면을 확인한다. 그 동전이 내가 표시한 동전일 확률이 과연 얼마일까? 그렇다, 나의 로또 당첨률도 딱 그 정도다. 대신 다른 사람이 표시해둔 동전을 집어들 확률은 그보다 훨씬 더 높다. 거의 매주 로또 추첨을 할 때마다 1등 당첨자가 나오지 않는가.

로또 게임에서는 깜짝 놀랄 만한 일들도 심심찮게 벌어진다. 불가리아에서는 2009년 9월 6일과 10일에 똑같은 1등 당첨번호가 나왔다. 그러자 주관 부처의 장관은 내막을 철저히 조사하라는 지시를 내렸다. 감사 결과, 아무런 조작의 흔적을 발견할 수 없었다. 순전히 우연에 의해 두 번 연달아 동일한 당첨번호가 나온 것이었다.

1977년에는 한 주 전 네덜란드에서 1등에 당첨된 번호가 그다음 주 독일 로또에서 1등 당첨번호가 된 적도 있다. 당시 독일에서 1등에 당첨된 사람의 수도 매우 많았다. 이웃 나라의 당첨번호를 그대로 베껴 쓴 독일인들이 그만큼 많았다.

지금부터 많은 이들이 로또 숫자를 어떻게 고르는지, 우리는 어떻게 숫자를 골라야 할지 알아보자. 먼저 알아야 할 것은 어떤 조합을 선택하든 당첨확률은 같다는 것이다. 심지어 1/2/3/4/5/6이라는 조합의 당첨확률도 나머지 조합과 같다. 로또 추첨 방식이 우연에 의존하고 있기 때문에 결국 당첨률을 인위적으로 높일 수는 없다.

방법이 아예 없는 것은 아니다. 우연에 맞서 싸우는 것은 헛된 노력일지 몰라도 나머지 응모자들과 맞서 싸우는 것은 가능하다. 매주 로또를 사는 사람들은 결국 당첨금을 두고 자기들끼리 싸운다. 참고로 로또 주관사는 수입의 약 절반 정도만을 당첨금으로 지출한다.

즉 로또 주관사가 돈을 벌어들일 확률은 100퍼센트에 가깝고, 응모자가 로또 구매에 쓴 비용을 허공에 날릴 확률은 99.9퍼센트에 가깝다. 그런데도 도전 의지가 샘솟는다면, 많은 응모자의 번호 선택 습관에서 추출한 몇 가지 단순한 원칙에 유의하는 것이 좋다.

로또를 잃고 사랑을 얻다!

영국 남자 살라 시드Salah Sid는 몇 년째 매주 똑같은 번호로 로또를 구매 중이었다. 1998년에도 어김없이 밸런타인데이가 돌아왔다. 퇴근 후 시드의 주머니 속에는 달랑 몇 개의 동전 밖에 들어 있지 않았다. 시드는 우선 아내에게 줄 밸런타인데이 카드를 샀다. 그러고 나니 남아 있는 돈으로 로또 한 줄조차 구매할 수 없었다. 그날 저녁, 시드는 아내, 아이들과 함께 로또 추첨 방송을 시청했다. 가족들은 환호성을 질렀다. 남편이, 아빠가 매번 고르는 번호를 다들 기억하고 있었기 때문이었다. 시드는 이번 주에는 로또 대신 카드를 구매했다고 고백했다. 따지자면 그 카드가 무려 200만 유로였던 것이다. 아내는 의외로 담담했다. "세상에서 제일 비싼 밸런타인데이 카드네? 그런 선물을 받았는데 내가 당신을 어떻게 미워할 수 있겠어?"라고 말했다. 살라 시드는 그 후 계속 로또를 구매했다. 하지만 그 이후에는 숫자를 바꿨다.

통계학자인 한스 리트빌Hans Riedwyl은 복권 당첨률을 집중적으로 파고들었다. 몇 주 간 로또 구입자들이 제출한, 수백만에 달하는 숫자조합을 분석하기도 했다. 대중이 선택하는 조합은 대개 일정했다. 당첨이 가능한 모든 숫자조합 중 최소 30퍼센트 이상은 누구도 선택하지 않았고, 인기 있는 조합 중에는 무려 2만 명이 무더기로 선택한 것도 있었다.

많은 이들이 지그재그 라인이나 뜨개질 패턴 등 각종 기하학적 패턴들, 다시 말해 다 '찍은' 뒤 로또 종이를 멀리서 봤을 때 예쁘게 보이는 조합을 선택한 것도 눈에 띄었다. 2/9/16/23/30/37처럼 듬성듬성 떨어진 숫자들의 조합이나 이전에 당첨된 적이 있는 조합도 꽤 인기가 높은 편이었다. 이때, 당첨 시기가 얼마나 오래전인지는 중요치 않은 듯했다. 지금도 1955년 제1회 당첨번호를 평균 이상으로 많은 이들이 선택하고 있다. 그 외에 1부터 6 사이의 숫자가 채택률이 높았고, 생일이나 개인적으로 의미 있는 숫자를 자주 써넣는 행태도 관찰되었다. 개별 숫자 중에는 19가 채택률이 꽤 높은 편이었다. 리트빌이 관찰을 할 당시에는 1900년대 생이 많았기 때문이다. 이로써 숫자 19는 '꽝 확정순위 1위'에 등극했다. 일반적으로 31 이하의 숫자가 자주 등장하는 편이고, 그중에서도 특히 12 이상 숫자의 채택률이 몹시 높다. 이렇게 인기 있는 숫자나 숫자조합은 특히 더 피해야 한다!

잭팟을 노린다면 수천만의 경쟁자들을 물리쳐야 한다. 이미 많은 사람이 선택한 숫자를 고르는 우愚를 범해서는 안 된다. 그런데 말이 쉽지 실천은 어렵다. 아니다, 그래도 우린 할 수 있다, 해내고 말 것이다! 가장 좋은 건 6개의 숫자를 우연히 고르는 것이다. 우연에는 우연으로 맞서자는 것이다. 1에서 49까지의 숫자를 작은 종이에 하나씩 적고, 섞고, 모아서 던진 다음 6개의 조각을 마음대로 집어 들라. 이때 2가지 조건에는 유의해야 한다. 이 조건을 충족하지 않으면 49장의 종잇조각을 다시 던지고 다시 골라야 한다.

2가지 중대 조건은 다음과 같다.

첫째, 6개의 숫자를 합산한 결과가 너무 낮은 수치여서는 안 된다. 최소한 164는 넘어야 한다. 이렇게만 해도 자기 생일이나 개인적으로 주요한 수치로 덤벼드는 경쟁자 중 80퍼센트는 물리칠 수 있다.

둘째, 6개 숫자 중 1쌍씩 조합해서 두 숫자의 차이를 계산하면 총 15개의 답이 나오는데, 그중 11개가 서로 달라야 한다. 이로써 정해진 패턴이나 규칙을 따르는 불리한 숫자조합 중 많은 조합을 피할 수 있다.

한 가지 사례를 바탕으로 구체적으로 살펴보자. 이를테면 내가 종잇조각들을 던져 무작위로 고른 숫자조합이 3/9/28/37/41/49라고 치자. 그 숫자를 합하면 167이다. 일단 첫번째 조건은 통과했다. 둘째, 위에서도 말했듯 숫자를 1쌍씩 묶어서 빼셈하면(9－3 = 6, 28－3 = 25 등등) 총 15개의 서로 다른 답이 나온다. 이것도 합격이다. 이 숫자조합으로 로또를 사도 좋다. 숫자조합이 좋지 않으면 어떤 일이 벌어진다고 했더라? 아, 그건 우리의 불운한 디터에게 물어보시라!

로또는 6개의 숫자 모두를 맞혀야 1등에 당첨되는 게임이다. 그 확률이 얼마나 미미한지는 우리 모두 잘 안다. 5개를 맞힐 확률은 그보다 훨씬 더 높다. 그런 의미에서 일단 5개를 맞혔다는 가정하에 어떻게 하면 6개 전부를 맞힐 수 있는지 알려주겠다. 그러자면 44개의 줄을 채워야 하는데, 거기에 앞서 일단 위에서 소개한 방식대로 종이를 던져서 숫자를 고르는 방법을 따르기 바란다. 이번에는 6개가 아니라 5개의 숫자만 고른다.

이제 준비는 거의 끝났다. 지금부터 44개의 줄을 채워 나간다. 각 줄을 채울 때마다 무작위로 고른 5개가 아닌 다른 숫자를 하나씩 고른다. 그다음 나머지 5개는 동일하게 체크한다. 같은 방법으로 44개의 줄을 모두 채운다. 만약 5개의 숫자가 실제로 적중한다면, 44개의 줄 중 한 개는 반드시 6개의 숫자를 다 맞힐 것이다. 적어도 1줄은 1등에 당첨되는 것이다. 그게 전부가 아니다. 다른 1줄은 보너스 번호를 더한 줄이기 때문에 2등에 당첨되고, 나머지 42줄은 최소 5개는 맞힌 줄이니 모두 3등 당첨은 따 놓은 당상이다.

로또 애호가들에게 한 가지 경고 메시지를 보내고 이번 이야기를 마무리할까 한다. 미국 버지니아주에 살던 잭 휘태커Jack Whittacker는 2002년 거금 3억 1500만 달러에 당첨된다. 그로부터 10년 뒤 휘태커의 삶은 완전히 망가졌다. 어느 인터뷰에서 휘태커는 '그놈'의 로또에 당첨되는 바람에 아내와 이혼하고, 손녀는 마약에 빠져 목숨을 잃었고, 더는 친구들과 어울릴 수 없으며, 300건의 고소·고발을 당했다고 밝혔다.

08

생일이 다가올 땐 조심, 또 조심!

위험이라 해서 다 똑같은 위험이 아니다. 에베레스트산을 등정하는 것은 분명 시내를 도보로 걷는 것보다 더 위험하다. 그런데 얼마나 더 위험할까?

최근 장인어른이 돌아가셨다. 80번째 생신을 보내고 14일 후 돌아가셨다. 장인어른이 79세가 되시던 해에 손녀딸, 그러니까 내 딸이 한 해 동안 외국으로 유학을 떠났다. 장인어른은 손녀와의 이별을 많이 힘들어하셨다. 그런데 할아버지가 80번째 생일을 맞이하기 얼마 전 손녀가 돌아왔다. 지금 와서 생각해보니 장인어른께서는 2가지 일은 꼭 마무리하고 눈을 감고 싶으셨던 것 같다. 첫번째 소원은 무사히 귀국한 손녀를 다시 한 번 보는 것이었고, 두번째 소원은 '꺾이는 해', 즉 여든번째 생신은 꼭 넘기는 것이었다. 그 2가지만 바라보며 쇠약한 몸을 억지로 유지하셨다.

문득 궁금하다. 과연 사람이 자기 죽음을 몇 시간 뒤, 며칠 뒤 혹은 몇 주 뒤로 미룰 수 있을까?

잠깐만 기다리세요!

1831년, 괴팅겐에 살고 있던 수학자 카를 프리드리히 가우스Carl Friedrich Gasß는 어떤 이론을 수학적으로 증명하는 작업에 빠져 있었다. 집사가 달려와 아내의 임종이 임박했음을 알렸다. 위대한 수학자 가우스는 "거의 다 됐으니 잠깐만 기다리라고 하세요"라고 대답했다.

삶은 위험의 연속이다. 그중 몇몇은 자연의 순리에 따른 것이라 피할 길이 없다. 이를테면 늙는 것이 그렇다. 나이가 들수록 오늘 하루를 버틸 확률은 조금씩 줄어든다. 그런가 하면 위험을 자초하는 때도 있다. 흡연이 좋은 예이다. 17세에 담배를 피우기 시작해서 하루 평균 15개비를 피우는 사람은 수명이 7년가량 단축된다는 통계가 있다. 과체중, 암벽 등반, 심해 잠수 역시 명命을 재촉하는 요인들이다. 반대로 매일 가벼운 운동을 하고 신선한 채소나 과일을 섭취하는 사람은 타고난 수명보다 4년 정도 더 산다고 한다.

위험이라 해서 다 똑같은 위험이 아니다. 에베레스트 등정은 분명 뮌헨 시내를 걷는 것보다 더 위험하다. 그런데 얼마나 더 위험할까?

미국의 학자 로널드 하워드Ronald Howard와 영국 학자 데이비드 스피겔할터David Spiegelhalter는 '마이크로몰트micromort('100만분의 1'을 뜻하는 'micro'와 '죽음'을 뜻하는 'mortality'를 결합해서 만든 합성어. 단위 표기는 'MM'을 사용—옮긴이)'라는 위험도 측정단위를 고안했다. 이때 1MM은 어떤 행위를 하다가 목숨을 잃을 확률이 100만분의 1임을 뜻한다.

그게 무슨 뜻이냐고?

인간의 평균수명을 80년이라 치자. 80년은 약 2만 9000일이다. 그중 내가 사망하는 날만 제외하면 나머지 날들은 모두 살아남은 날들이다. 즉 사망확률이 2만 9000분의 1인데, 이를 마이크로몰트로 환산하면 34MM이다. 살아남은 모든 날들의 평균 사망확률이 그렇다는 뜻이고, 10대 때는 당연히 노년기보다 마이크로몰트 수치가 낮다.

사망확률이 가장 낮은 연령은 10세라고 한다. 영아사망 위험과 각종 아동 질병을 이미 견뎌낸 데다 아직 어려 오토바이 등 위험한 교통수단을 몰고 거리를 질주할 위험도 없기 때문이다.

마이크로몰트 수치가 딱 1인 나이는 25세이다. 남자는 그보다 조금 높고, 여자는 그보다 조금 낮다. 육체노동이나 사고, 범죄 등 일상생활 속 각종 위험에 노출된 상태에서 25세 남녀의 평균 사망위험률이 1MM이다. 아프가니스탄에 파병된 군인의 사망위험률이 무려 33MM에 달한다는 점을 고려하면, 1MM은 비교적 안전한 수치라 할 수 있겠다.

25세 이후부터는 매년 마이크로몰트 수치가 고르게 상승한다(연간 약 10퍼센트). 달리 말해 위험지수가 7년마다 2배 늘어난다는 뜻이다. 35세가 되면 사망위험률이 3MM이 되고, 60세 때는 28MM이 된다는 말이다. 80세가 되면 MM 수치가 170까지 늘어나고, 90세 때에는 매일 500MM과 사투를 벌여야 한다.

이렇듯 마이크로몰트라는 단위를 활용하면 모든 위험인자를 단순화할 수 있다. 참고로 사망위험률을 상승시키는 요인들도 존재한다. 담배 3개비, X레이 촬영 1회, 정상 체중보다 5킬로그램을 초과한 상태에서 살아남은 1일 등은 각기 1MM의 사망위험률을 더한다.

한편, 인간의 평균수명을 100만으로 나누면 약 30분이다. 그 30분을 '1 마이크로라이프microlife, ML'라고 가정해보자. 약간의 기술만 발휘하면 MM과 ML을 서로 환산할 수 있다. 예를 들어 25세 청년의 마이크로몰트 수치가 1이라는 말은 곧 잔류수명이 0일 확률이 100만분의 1이라는 뜻이다. 사망확률이 100만분의 1이기 때문이다. 사망위험지수가 1MM일 경우, 잔류수명의 100만분의 1, 즉 1ML이 단축한다. 다시 말해 1MM = 1ML이라는 공식이 성립한다.

삶을 일종의 여정으로 상상하면 이해가 더 쉽다. 모든 인간은 하루 24시간의 속도, 즉 48ML의 속도로 죽음을 향해 달려간다. 다행히 그 여행객들에게는 공짜 보너스가 있다. 인간의 수명이 매년 3개월씩 연장된다는 것이다. 통계학에서는 적어도 약 25년 전부터 이러한 추세가 관찰되었다고 한다. 아마도 의술이 발달한 덕분일 것이다.

우리는 죽음을 향해 달음질치고 있다. 다행히 하루에 12ML 속도로 거꾸로 죽음에서 멀어지고 있다(1일은 24시간, 24시간은 48ML, 3개월은 90일, 90일은 4320ML, 4320ML ÷ 365일 ≒ 12ML). 언젠가는 '목표지점'에 도달할 것이다. 뭐, 하루 12ML(6시간)라는 수치가 별것 아니게 들릴 수도 있겠지만, 하루를 살았다고 해서 수명이 정확히 24시간이 아니라 그보다는 조금 덜 단축된다는 게 어디인가. 그게 사실이라는 것은 기대수명 관련 통계만 봐도 알 수 있다. 거기에 따르면 현재 20세인 남성의 잔류수명은 대략 58.6년이고, 현재 70세인 남성이 앞으로 살아갈 날은 13.6년이라고 한다. 70세 남성의 기대수명이 20세 남성의 기대수명에서 50년이 아니라 45년을 뺀 수치라는 뜻이다.

흡연으로 수명이 7년 단축된 남성의 예를 들어보자. 해당 남성은 매일 2시간, 즉 4ML만큼의 시간을 자신의 삶에서 '삭제'한 것이다. 그 말은 해당 남성이 하루 24시간의 속도가 아니라 26시간의 속도로 죽음을 향해 질주했다는 뜻이다. 담배라는 액셀러레이터를 꾹 눌러 밟으며 과속한 것이다.

믿기지 않는 사망 위험요인도 있다. 우리가 매일 자주 사용하는 볼펜이 죽음을 앞당기는 물건이라고 누가 감히 상상했겠는가. 볼펜 일부를 삼켜서 질식사하는 사람이 연간 300명이라고 한다. 이쯤 되면 볼펜을 사용하는 날 1일당 0.01MM도 추가해야 하지 않을까?

생일도 쉽게 예측하기 힘든 사망 위험요인이라고 한다. 잉그리드 버그먼Ingrid Bergmann과 윌리엄 셰익스피어William Shakespeare도 각기 자신의 생일에 죽음을 맞이했다. 과연 우연일까? 그렇게 생각할 수도 있다. 하지만 생일은 사망확률이 가장 높은 날이라고 한다. 생일은 그만큼 위험한 날이다. 나이가 들수록 생일에는 더더욱 조심해야 한다. 진심으로 드리는 충고이다.

스위스의 어느 학자가 200만 명에 달하는 사망자의 데이터를 분석했다. 그 결과, 생일날 죽을 확률이 다른 날보다 14퍼센트 높은 것으로 드러났다. 사망위험률이 500MM에 달하는 90세 노인이 생일날 눈을 감을 확률은 무려 570MM에 달했다. 570MM이면 전쟁 지역인 아프가니스탄에서 이틀간 군인으로 복무하는 것과 맞먹을 정도로 높은 사망위험률이다.

갑자기 어느 나이든 삼 형제 이야기가 떠오른다. 3명 중 위로 2명은 모두 90세 생일 저녁에 사망했다. 막내는 자신의 90번째 생일에는 그 어떤 파티도 열지 말고 찾아오는 손님도 집으로 들이지 않겠다고 결심했다. 축하 인사는 그다음 주에 받았다. 그마저도 모두 잠깐 인사만 나누고 헤어지는 식이었다. 막내는 그다음 해에도, 그 다다음 해에도 생일 때마다 그 방식을 고집했고, 결국 13년을 더 산 뒤에 세상을 떠났다.

완벽한 동그라미 그리기

나는 자신의 생일날 '골로 가는' 것이
동그라미를 빈틈없이 깨끗하게 완성하는
방법이라 생각한다.

– 스테이시 콘라트Stacy Conradt

미국인 300만 명을 대상으로 한 어느 조사에서는 남성이 생일 당일뿐 아니라 생일이 포함된 주週의 전주前週에 사망하는 확률도 높은 것으로 나타났다. 여성은 생일 전주에 사망할 확률이 평균보다 조금 낮았고, 생일 다음 주에 사망할 확률은 조금 높았다. 두 경우 모두 편차는 3퍼센트였지만, 생각해보면 3퍼센트는 작은 수치가 아니다.

생일날 이렇게 사망률이 높은 이유는 무엇일까?

생일은 다양한 감정으로 충만한 날이다. 나이든 여성들의 경우, 생일이 긍정적 감정의 원천인 것으로 드러났다. 기분 좋은 날, 기대되는 날, 온 가족이 함께 모여 하하 호호 웃는 날, 그래서 반드시 맞이하고 싶은 날이라는 뜻이다.

어떤 미묘한 메커니즘이 작동하고 있는지는 알 수 없지만, 노년에 접어든 여성들은 다가오는 죽음을 최소한 다음번 생일까지는 미룰 힘을 지닌 듯하다. 물론 생일 당일에는 파티를 열고 축하객들을 맞이하느라 오히려 스트레스 지수가 높아지는 경향이 있다.

반면 노년 남성들에게 있어 생일은 부정적 감정에 빠지기 쉬운 날이라 한다. 심리학자들의 주장이 그렇다. 요즘 같은 능력주의 시대에 생일과 같은 특별한 날이면, 자신이 살아온 인생을 되돌아보며 평가하게 마련이다. 평가 결과가 기쁨과 만족감을 줄 때는 별로 없다. 대체로 못난 자신을 원망하며 회한에 빠진다. 그러한 심리상태는 살고자 하는 의지를 약화한다. 약화의 강도가 그다지 크지 않을 수도 있지만, 최소한 통계학적 차이를 보일 만큼은 된다. 생일날 술을 더 많이 마시고, 그로 인해 치명적 사고를 당할 위험이 높아서 사망률이 높아지는 점도 '생일 사망률'을 높이는 요인 중 하나이다.

결론: 우리를 둘러싼 모든 게 위험하다. 그저 의자에 앉아 있는 행위나 볼펜으로 무언가를 끼적이는 것도 위험한 행동일 수 있다. 삶은 크고 작은 기회와 위험들로 가득한 여정이다. 그중 어떤 기회를 포착하고 어떤 위험을 감수할 것인지를 판단하는 것이 인생 최고의 지혜가 아닐까? 불면 날아갈까 건드리면 부서질까 걱정하며 위험이란 위험은 다 피해 다니고 모험도 일체 안 하며 살 수도 있다. 하지만 요한 볼프강 폰 괴테Johann Wolfgang von Goethe가 말하지 않았던가, "안전만 추구하는 자는 이미 죽은 자"라고!

09

더 빠른 줄,
더 느린 줄

학자들은 우리가 살면서 오직 무언가를 기다리는 데에만 374일을 허비한다고 말한다. 그러니 우리는 어떻게 기다리는 것이 현명한 기다림인지 알아야 한다.

"이 장에 오신 것을 환영합니다! 우선 관심을 가지고 찾아주신 것에 진심으로 감사드립니다. 그런데 작가님께서 이번 장의 주제를 어떤 이야기로 시작하면 좋을지를 두고 생각에 잠겨 있으시다고 합니다. 최대한 빨리 고민을 끝내겠다고 하니 조금만 기다려주세요. 독자님들의 너그러운 양해 부탁드립니다!"

살다 보면 이런 식의 안내방송을 가끔 들어야 한다. 일단 기다리라는 것이다. 줄을 서서 기다려야 할 때도 많다. 알다시피 삶은 기다림의 연속이다. 병원에 가면 내 순서가 오기를 기다려야 하고, 크리스마스가 어서 오기를 고대해야 하고, 마트 계산대 앞에서도 늘 줄을 서야 한다. 어쩌면 우리는 지혜로운 사람 '호모사피엔스*homo sapiens*'가 아니라 기다리는 사람 '호모엑스펙탄스*homo expentans*'가 아닐까? 기다림을 전문적으로 연구하는 학자들은 우리가 일생 동안 오직 무언가를 기다리는 데에만 쓰는 시간이 374일에 달한다고 말한다. 실제로 우리의 하루는 늘 무언가를 기다리는 행위로 중단되고 단절된다.

누군가를 기다리게 만드는 것은 권력을 의미한다. 기다리는 쪽이 낮은 위치에 있고, 기다리게 만드는 쪽이 늘 높은 위치에 있다. 우리의 시간을 마음대로 쓸 수 있는 사람이 바로 우리의 주인이다.

기다림을 연장하고 싶어 하는 이들은 별로 없다. 우리는 어떻게 기다리는 것이 현명한 기다림인지를 찾아내야 한다. '줄 서기'라는 기다림의 방식은 영국에서 처음 시작했다. 인류학자들 대부분의 공통 주장이다. 줄 서기는 만민평등의식을 내포한다. 동일한 목적으로 줄을 선 사람들은 모두가 평등하다. 줄 서기에 있어 가장 중요한 원칙은 새치기를 절대 허용하지 않는다는 것이다. 줄 서기는 정의롭고 공평한 기다림의 방식이다. 먼저 온 사람이 원하는 것을 먼저 손에 넣는다.

이의 있습니다!

인류학자들의 주장에 어깃장을 좀 놓아야겠다. 줄 서기는 영국인들이 아니라 소라게hermit crabs의 발명품이다. 소라게

들은 고둥 껍데기 속에서 산다. 몸집이 커질 때마다 새로운 고둥 껍데기로 이사해야 한다. 어느 날 빈 고둥 껍데기 하나가 파도에 밀려 해안에 도착한다. 소라게는 다가가 껍데기의 크기를 확인한다. 자신의 몸집에 비해 고둥 껍데기가 크면 그 집에 들어가는 대신 그 앞에 줄을 선다. 시간이 흐른 뒤 또 다른 소라게 한 마리가 그 껍데기의 크기를 확인한다. 이번 소라게도 고둥 껍데기가 자신의 몸집에 비해 크다고 생각하고 줄을 선다. 이때, 소라게들은 몸집이 큰 순서에서 작은 순서로 줄을 선다. 줄을 선 소라게 중 가장 큰놈이 맨 앞에 서는 것이다.

그러다가 고둥 껍데기에 딱 맞는 크기의 소라게가 도착한다. 그 소라게가 가장 큰 고둥 껍데기 안으로 들어가면, 대기줄 맨 앞에 있던 소라게가 그 소라게가 원래 살던 고둥 껍데기에 들어간다. 몸집이 큰 순서대로 자신의 몸집에 맞는 사이즈의 고둥 껍데기로 들어가는 것이다. 참고로 이는 하버드대학교의 어느 연구팀이 발표한 내용이다.

정의롭지 않은 기다림에는 언제나 분노가 뒤따른다. 하루는 내가 즐겨 찾는 슈퍼마켓 정육 코너의 어느 판매원이 재미있는 얘기를 해주었다. 화가 난 손님이 던진 치즈 덩어리가 자신의 얼굴을 정통으로 때렸다고 했다. 이유는 해당 직원이 잠시 착각하고 나중에 온 손님을 먼저 응대했기 때문이었다. 그 여자 점원이 남긴 말이 아직도 귀에 생생하다. "나중에 온 사람이 자기보다 먼저 원하는 물건을 손에 넣는 꼴을 못 참는 사람이 얼마나 많은지 아세요?"

충분히 이해가 가는 상황이다. 마트 계산대에서 내 줄이 다른 줄보다 느리게 줄어드는 것 때문에 화가 난 경험이 한 번도 없는 사람이 과연 있을까? 나보다 늦게 온 사람이 내 옆줄, 그것도 분명 내 뒤편에 서 있었는데 나보다 먼저 유유히 계산대를 통과하는 모습을 보여 치솟는 분노를 꾸역꾸역 삼킨 적이 어디 한두 번이겠는가? 그럴 때 우리는 우연과 운명을 탓하고, 그날따라 특별히 재수가 없었다고 생각한다. 하지만 그건 선택적 기억력에서 오는 착각이다. 내 줄이 다른 줄보다 빨리 줄어든 때도 분명 많을 텐데, 그 상황은 기억 속에서 깡그리 사라지고 운이 나빴던 기억만 뇌리에 남는 것이다.

심리학자들은 아무것도 하지 않고 막연히 무언가를 기다리기만 하면 체감 대기시간이 실제 대기시간보다 더 길게 느껴진다고 말한다. 기다림이 시간을 엿가락처럼 늘리는 것이다.

기다림과 관련한 수학 이론도 있다. 바로 '대기행렬 이론queueing theory'이다. 그 이론에서 도출한 흥미로운 결론 중 하나는 미국식 한 줄 서기 방식의 대기시간이 가장 짧다는 것이다. 예를 들어 미국의 우체국에 가면 모두가 한 줄로 줄을 선다. 그렇게 줄을 서면 줄 자체는 매우 길지만 줄이 짧아지는 속도는 훨씬 빠르다. 맨 앞에 있는 사람이 창구가 빌 때마다 거기로 가서 서비스를 받는 시스템이기 때문이다. 한 줄 서기 방식은 마트 계산대의 여러 줄 서기 시스템보다 훨씬 효율적이다. 점원의 업무처리 속도가 동일하다고 가정했을 때 한 줄 서기 방식이 여러 줄 서기 방식보다 많은 고객을 통과시킬 수 있기 때문이다. 즉 한 줄로 줄을 설 때 대기시간이 좀 더 단축되는 것이다. 정의롭고 공평한 줄 서기 방식이라는 점 역시 한 줄 서기의 장점이다.

누가 먼저인가요?

통증 치료 클리닉을 찾은 한 환자가 간호사에게 이렇게 묻는다. "여긴 어떤 대기 방식을 적용하나요? 미국식 줄 서기 방식인가요, 아니면 끙끙 앓는 소리를 가장 크게 내는 사람이 먼저인가요?"

마트에서 미국식 한 줄 서기 방식을 적용하지 않는 이유가 있다. 마트 주인들 입장에서는 고객들이 얼른 계산을 마치고 마트를 빠져나가는 상황이 싫은 것이다. 실제로 고객들이 매장 안에 머무르는 시간이 길수록 구매하는 물건의 종류나 양이 많아지고, 지출 규모도 커진다.

계산대 주변은 마트 내에서 고객들의 눈길을 끌기에 가장 좋은 장소이다. 줄을 서서 기다리는 동안 으레 주변을 둘러보기 때문이다. 점주 입장에서는 당연히 거기에 광고 포스터나 심리학적으로 입증된 미끼상품을 진열하고 싶을 것이다.

계산대 주변 진열대들에 놓인 상품들은 철저하게 엄선된 것이다. 기다림에 관한 심리학과 소비심리학이 손에 손을 맞잡고 전략을 짠 결과다. 계산대 앞에서 기다리는 시간이 길어질수록 고객이 그 꾐에 빠져들 확률은 높아진다. 처음에는 잘 참다가 결국 계산하기 직전에 초콜릿을 비롯한 스낵류 등을 카트에 옮겨 담는다.

그렇다, 계산대 앞에 선 고객들은 특히 유혹에 취약하다. 필요한 물건은 이미 다 골랐고, 이제 돈만 내면 그걸로 끝이다. 심리적으로는 장보기를 끝낸 상황, 마음은 마트 밖 어딘가를 떠돌고 있고 집에 가서 무얼 할지를 고민하는 상황이다. 갑자기 초코바 하나가 눈에 확 들어온다. 방금 산 물건을 뒷좌석이나 트렁크에 실은 뒤 출발하기 직전에 먹으면 딱 좋겠다고 생각한다!

지금부터 마트 계산대에서 줄을 설 때 알아두면 좋은 팁 몇 가지를 소개하겠다. 내 기본 전략은 다음과 같다. 사야 할 물건을 모두 카트에 담은 뒤 계산대가 있는 쪽으로 돌진한다. 여러 개의 계산대가 열려 있고, 각 계산대 앞에 사람들이 줄을 서 있다. 거의 매번, 각 줄의 길이는 비슷하다. 행여 어떤 줄이 다른 줄에 비해 짧다 하더라도 금세 '평준화'된다. 다른 줄에 서 있던 사람들이 그 줄로 옮겨가거나 새로 온 사람들이 거기에 줄을 서기 때문이다.

만약 모든 계산대 앞의 줄이 길이가 비슷하다면 원칙적으로 어느 줄에 서든 결과는 엇비슷해야 한다. 그렇게 생각하고 아무 줄에나 가서 서는 사람들이 대부분이다. 어쩌다 다른 줄에 비해 조금 짧은 줄이 있으면 당연히 거기에 가서 선다. 하지만 그 줄에 서 있다 해서 옆줄의 비슷한 위치에 서 있는 사람보다 계산대를 먼저 통과하리라는 보장은 없다. 줄이 줄어드는 원리와 속도는 수학으로도 매우 풀기 힘든 과제이다. 수많은 우연이 개입하고, 그 우연이 줄이 줄어드는 속도를 좌우할 때가 많기 때문이다.

계산대 앞에는 다양한 사람들이 서 있다. 혼자 사는 것으로 추정되는 사내가 카트에 3가지 물건만 담은 경우도 있고, 온 가족이 먹고 쓸 물건을 일주일에 한 차례만 사는 중년 여성도 있다. 바나나를 봉지에 담은 뒤 무게 재기와 가격표 부착을 깜빡한 사람도 있을 수 있다. 이런 우연들이 줄이 줄어드는 속도에 미치는 영향을 정확히 예측하기란 쉽지 않다. 반면, 예측 가능한 우연들도 있다.

지금부터 내 비법을 본격적으로 전수하겠다. 일단 계산원을 관찰해야 한다. 눈과 귀와 손이 바쁘게 움직이는지, 혹은 도살장에 끌려나온 소처럼 굼뜨게 움직이고 졸린 눈을 하고 있는지를 봐야 한다. 계산원의 작업속도는 줄이 줄어드는 속도에 결정적 영향을 미친다. 다음으로 카트에 눈길을 줘야 한다. 꽉 찬 카트를 끌고 있는 손님이 여럿 있는 줄은 무조건 피해야 한다.

그렇다, 진짜 급할 때는 손님들도 '필터링'을 하는 게 좋다. 그간의 경험에 비춰볼 때 계산대 앞에서 시간을 많이 쓰는 사람들을 걸러내는 것이다. 이를테면 어린아이를 데리고 혼자 장을 보러 온 엄마나 아빠한테는 우는 아이를 달래는 게 얼른 계산을 마치는 것보다 더 급선무다. 돋보기안경을 꺼내야 하거나 계산원과 수다를 떨 것 같은 어르신들도 피하는 게 좋다.

계산대가 한 개만 열려 있고 10명이 줄을 서 있는 상황과 10개의 계산대가 열려 있고 총 100명이 줄을 서 있는 상황은 결코 똑같은 상황이 아니다. 기다리는 입장에서는 후자가 더 유리하다. 계산원의 처리속도가 같을 때 후자의 경우가 평균 대기시간이 더 짧다는 사실은 통계적으로도 입증된 바 있다.

만약 우리가 새처럼 하늘을 날 수 있다면, 위에서 세상을 내려다볼 수만 있다면 어떤 일들이 금세 사라지고 어떤 일들이 오랫동안 유지되는지를 정확히 파악할 수 있을 것이다. 불행히도 우리는 세상 위가 아니라 세상 안에 살고 있고, 우리의 시야와 시각은 위에서 아래를 내려다보는 것과는 완전히 다를 수밖에 없다. 우리는 오직 직접 접촉하는 것, 우리 눈에 들어오는 것만 보고 느낄 수 있다. 우리의 시야는 우리가 둘러볼 수 있는 범위를 제한한다. 이에 따라 금세 사라지는 것보다는 오래 유지되는 일과 마주칠 확률이 높아진다. 차가 막히는 경우만 봐도 그렇다. 금방 풀리는 정체일 경우, 우리는 그게 정체인지 모르고 넘어간다. 차가 심하게 막힐 때 비로소 도로 위에 오래 갇혀 있어야 한다는 것을 인지한다.

버스를 탈 때도 마찬가지이다. 현대 문명과 최신 기술의 도움을 받지 않고 무작정 버스 정류소로 갈 경우, 운행 간격을 딱 맞추지 못할 때가 대부분이다. 버스를 눈앞에서 놓치고 다음 버스를 세월아 네월아 하며 기다려야 할 때가 분명 더 많을 것이다.

우리는 금방 사라지는 것들을 잘 기억하지 못한다. 빨리 진행되는 것들도 잘 기억하지 못한다. 우리의 기억은 그렇게 왜곡된다. 우리 집 세

탁기가 돌아가는 시간은 왜 다른 집 세탁기보다 더 길까? 왜 우리의 우정은 남들의 우정보다 더 오래갈 거라고 기대하고 있을까? 왜 내 부모님은 다른 어르신보다 더 오래 사실 거라고 믿고 있을까? 왜 나도 남들보다 더 오래 살 거라고 믿는 걸까? 그 이유를 알려주겠다. 그건 바로 요절하는 사람, 평균수명을 아래로 끌어내리는 사람들은 지금 내가 이 글을 쓰고 있는 바로 이 순간, 혹은 독자들이 이 책을 읽고 있는 순간에는 이미 사라지고 없기 때문이다!

10

'빅데이터' 속에서 진실 찾기

만약 평균 개념이 없었다면 세상은 각종 수치가 뒤섞인
바다가 되었을 것이다. 벨기에인 아돌프 케틀레는
1831년 평균의 개념을 처음으로 제안했다.

지구는 73억 인구의 보금자리이다. 인구는 지금도 계속 늘어나고 있다. 지난 몇십 년 동안 전 세계 인구수는 5년에 6퍼센트씩 성장했다. 나중에는 어떻게 될까? 지구가 최대한 수용할 수 있는 인원은 몇 명일까? 어떻게 하면 모든 인류가 굶어죽지 않고 살아갈 수 있을까?

학자들은 벌써 몇 세기 전부터 이런 고민을 했다. 현미경을 발견한 안톤 판 레이우엔훅Anton van Leeuwenhoek도 1679년 이 문제를 집중적으로 파고들었고, 지구상에서 살아남을 수 있는 최대 인원은 134억 명이라는 결론을 내렸다.

인구학자 조엘 코헨Joel Cohen은 지난 400년 동안 66명의 전문가가 실시한 예측의 결과들을 모아서 분석했다. 모두 각자의 주장을 펼쳤고, 전문가마다 서로 다른 출발 상황을 가정하고 연구를 진행한 듯했다. 그러다 보니 결론뿐 아니라 전제조건부터 이해하기 어려운 경우도 많았다. 어느 전문가는 지구상의 모든 땅을 농토화한다는 가정에서 출발했다. 모든 농지에 곡식과 채소를 빈틈없이 심고, 수확한 모든 것들이 인간의 입으로 들어가며, 결국 모든 인간이 채식주의자가 된다. 이렇게 가정했을 때, 그 전문가는 지구가 총 1조 명을 먹여 살릴 수 있다는 결론에 도달했다.

이제 시작에 불과하다. 그보다 터무니없는 수치를 제시한 전문가들도 있었다. 그중의 압권은 6경(=6만 조)의 인구가 지구상에 살 수 있다는 어느 물리학자의 주장이었다. 그 주장에는 산꼭대기, 사막, 극지방을 포함해 지구상의 땅이란 땅은 모두 냉난방 시설을 갖추어야 하고, 인류는 그 속에서 몇 층, 몇 겹으로 포개져서 살아야 한다는 가정이 숨어 있었다.

코헨이 수집한 66가지 결론은 아직 빅데이터라 부를 수 없는 수준이다. '리틀 빅데이터little big data'라고도 부르기 힘들 만큼 작은 숫자이다. 그래도 아무런 도구의 도움 없이 눈으로 보기만 하고 머리로 계산만 해서는 제대로 분석하기 힘들 정도로 큰 숫자이기는 하다.

진실 파악은 힘들어!

진실은 비단 숫자로만 표현되는 것이 아니다. 진실이 밝혀져야 할 필요성은 다양한 분야에 존재한다. 예를 들어 어떤 문학작품을 해석할 때에도 많은 이들이 무엇이 진실인지 알고 싶어 한다. 사실 문학작품 뒤에 숨은 진실을 가장 잘 아는 이는 그 작품을 쓴 작가 자신이다.

폴란드의 저명한 여성 시인 비스와바 쉼보르스카Wislawa Szymborska는 1996년 노벨문학상을 받았다. 그로부터 얼마 뒤 쉼보르스카는 어느 시험에서 시詩 한 편을 해석하라는 과제와 맞닥뜨렸다. 해당 시는 자신이 쓴 작품이었다. 그 시험에서 쉼보르스카는 합격선을 겨우 통과한 점수를 받았다!

빅데이터는 시대가 낳은 대표적 산물이다. 현대인들의 삶은 말하자면 해안을 맴돌다가 좌초하는 '숫자의 난파선'과 부딪치기 일보 직전에 처해 있다. 그만큼 많은 데이터가 우리 삶을 둘러싸고 있다. 단어 세트, 그보다 더 많은 글귀 세트, 말보다 더 많은 숫자 세트가 우리 세계를 지배하고 있다. 일상 속에서도 우리는 늘 운동 경기의 결과, 실험 결과, 주가株價, 계좌 입출금 내역 등 다양한 숫자와 맞닥뜨린다. 그 숫자들은 우리에게 많은 것들을 알려준다. 문제는 정보의 양이 지나치게 많다는 것이다. 그중 대부분은 한 귀로 듣고 한 귀로 흘려보내야 하는 것들이지만, 더러는 꼭 필요한 정보도 있다. 예컨대 결정을 앞둔 상황이라면 결정을 내릴 근거, 즉 데이터가 반드시 있어야만 한다.

데이터를 꿰뚫어 보려면 해석을 동반해야 한다. 날것 그대로 전송되는 데이터만 봐서는 뭐가 뭔지 제대로 파악할 수 없고, 데이터의 양 역시 지나치게 많다. 인터넷을 예로 들어보자. 온라인에 존재하는 웹사이트의 개수가 어느덧 200억 개에 육박한다. 그 200억 개의 사이트가 언제 업데이트되는지를 과연 알아낼 수 있을까? 200억 세트의 날짜와 일시를 일일이 확인하려면 과연 얼마나 긴 세월이 필요할까?

산더미처럼 쌓인 데이터를 그저 보는 것만으로는 아무런 판단을 할 수 없다. 판단을 동반하지 않는 데이터는 그것이 진리라 하더라도 가치가 거의 없다. 만약 누군가가 요즘 웹사이트의 평균 업데이트 주기가 58일이라는 평균값을 알려준다면 대반전이 일어난다. 평균값이라는 단 한 개의 수치가 데이터 전체를 대변해주기 때문이다. 평균값을 알면 일단 뭔가를 시작할 수 있는 근거가 마련된다.

평균값이라는 수치를 맨 처음 발명한 이에게 경의를 표한다! 평균값은 어쩌면 바퀴와 더불어 인류 최대의 발명품일지도 모른다. 그게 없었더라면 세상은 각종 수치가 뒤섞인 바다가 되었을 것이다. 그런데 세상이 바뀐 지는 사실 얼마 되지 않았다. 벨기에의 학자 아돌프 케틀레 Adolphe Quetelet가 1831년에 평균 개념을 세상에 심어주기 전까지 인류는 수치의 바다 속에서 허우적댈 수밖에 없었다.

케틀레는 평균적인 인간의 모습이 어떤지를 알고 싶었다. 케틀레는 마치 프랑켄슈타인 박사가 괴물을 창조하듯, 성별을 불문하고 가장 평균에 가까운 허구의 존재를 추출하는 작업에 착수했다. 그 '평균인average man'을 만들어내기 위해 케틀레는 세상 모든 사람과 그들 각자의 개성, 그들 각자의 특성 등 모든 면을 분석했고, 소수의 사람에게서만 나타나는 특징들은 배제했다. 그렇게 창조된 평균인은 인류 전체를 대변할 수 있는 모습이어야 했다. 마치 물리학에서 어떤 물체의 무게중심을 정의하듯이, 케틀레는 평균인이 세상의 중심에 서 있고, 나머지 사람들은 모두 그 주변에 산재해 있는 모습을 그리고 싶어 했던 것이다.

평균적 독일인

'독일 평균인'의 나이는 44세이고, 성씨는 뮐러Müller, 이름은 남자의 경우는 미하엘Michael, 여자는 자비네Sabine이다. 서비스업에 종사하며 생계를 꾸리고, 월급은 평균 3000유로(세전)이다. 밤 11시 4분이면 침대에 누워 잠을 청하고, 기상 시간은 오전 6시 18분이다. 독일 여성의 평균 난소 개수는 한 개이고, 남성의 평균 고환 개수도 한 개이다. 난소가 2개인 여성의 평균수명은 82세, 고환이 2개인 남성의 평균수명은 77세이다.

평균인은 우리처럼 성실한 시민들만을 대상으로 하는 것은 아니다.

범죄학 분야에는 '평균 테러리스트'라는 개념이 존재한다. 이를 위해 우선 모든 범죄자의 데이터를 컴퓨터에 입력하고 그물망식 수사법을 이용해 잠재적 테러리스트들을 추출한다. 잠재적 범죄자가 실제 범행을 저지르기 전부터 미리 예의주시함으로써 테러를 미리 방지하는 것이다. 경찰은 앞날을 내다보고 수사하는 범죄예측기법을 종종 활용한다. 이미 벌어진 범죄를 수사하는 것보다는 한발 앞서 범죄가 일어나지 않게 예방하는 편이 범죄와의 전쟁에서 더 똑똑한 전략이기 때문이다.

케틀레가 만들어낸 평균인은 폭발적인 위력을 지닌 개념이다. 어떤 집단 전체에 대표성을 지니기 때문인데, 이 방법이 개개인을 분석할 때보다 더 효과적인 경우가 많다. 여기에서 말하는 '집단'이 반드시 사람일 필요도 없다.

잠시 본 장 맨 처음에 언급한 사례로 되돌아가보자. 66건의 전문적 분석 결과(지구가 수용할 수 있는 최대 인원)의 평균값은 900조 명이었다. 이는 아무리 생각해도 제정신이 아닌 것 같은 물리학자 한 명의 결론을 포함한 값이다. 해당 물리학자는 지구상에 6경 명이 살 수 있다고 주장했다. 나머지 65명이 제시한 수치와는 엄청난 차이를 보이는 수치다. 이에 따라 900조라는 평균값의 가치도 급락할 수밖에 없다.

수학에서는 오래전부터 평균 개념이 널리 사용되었다. 우리가 흔히 말하는 평균은 산술평균arithmetic mean, 즉 주어진 모든 숫자를 합한 뒤 그 숫자들의 개수로 나눈 값을 의미한다. 산술평균은 주어진 데이터 세트에 가장 가까운 수치라는 점에서 큰 가치를 지닌다. 일단은 그렇다. 하지만 산술평균은 모두를 공평하게 취급한다는 맹점이 있다. 극단적으로 높은 값이나 극도로 낮은 값도 모두 포함해 나눈 값이 과연 반드시 공평한 수치일까?

내가 몇몇 작가들과 작업실을 같이 쓰고, 작업실 소속 작가들이 지금까지 판매한 책이 총 5만 부라고 가정해보자. 어느 날 전 세계적으로 수억 권이 팔려나간 공전의 베스트셀러 '해리포터' 시리즈의 작가가 그 작업실에 합류한다면, 그 작업실 소속 작가들의 평균 도서판매 실적은 천정부지로 치솟을 것이다. 아마도 1인당 평균 판매량은 1000만 부쯤 되지 않을까? 그 평균값은 조앤 K. 롤링Joanne K. Rowling 씨한테도 공평한 수치가 아니다. 심지어 우리처럼 그렇고 그런 작가들한테도 공평한 기록이 아니다. 1000만 부라는 평균값은 그저 허공에 떠 있는 숫자일 뿐이다. 산술평균을 낼 때 포함하는 숫자들 사이에는 이렇게 편차가 큰 경우가 더러 있고, 때문에 산술평균은 매우 조심스레 취급해야 할 대상이다. 그렇지 않으면 해당 평균값은 쓸모없는 숫자에 지나지 않는다.

데이터 간에 큰 편차를 보이는 현상은 예외보다는 원칙에 가까울 정도로 흔히 관찰된다. 일정한 틀 밖으로 벗어나는 수치들이 언제든지 존재할 수 있다. 제정신이 아닌 학자들이 그런 수치를 세상에 함부로 내던지기 때문이다. 이때, 산술평균은 그 학자들이 정신이 얼마나 나갔느냐에 따라 아래위로 춤을 춘다. 결코 바람직한 현상이 아니다. 극도로 높은 수치를 제시하는 학자만큼 극도로 낮은 수치를 제시하는 미친 학자가 더 있어서 평균값이 '중화'되기를 바랄 수 있을 뿐이지만, 산술평균은 그 상황을 기다려주지 않는다. 극단적인 값을 배제하지도 않는다. 주어진 모든 숫자를 엄격하게 합해서 나눌 뿐이다.

그럴 때 수학은 "그럼 중앙값median을 구하면 되잖아?"라고 속삭인다. 우리는 "중앙값이라고? 그게 뭔데?"라고 되묻는다. 중앙값은 주어진 모든 수치를 예컨대 오름차순으로 나열할 때 정중앙에 있는 수치를 가리키는 수학 용어이다. 이렇게 할 경우, 극단적 수치의 영향권에서 벗어날 수 있다. 극단적 수치뿐 아니라 그 수치의 할아버지가 나타나도 중앙값은 흔들리지 않는다.

그렇게 볼 때 산술평균보다 중앙값이 훨씬 더 '민주적인' 잣대라 할 수 있다. 중앙값은 다수결을 따른다. 다시 말해 과반을 점령한 숫자집단들과 성격 차이가 큰 숫자들을 배제하는 것이다. 기본적인 틀에서 벗어나는 큰 수치들이 틀 안의 숫자들에게 "야, 넌 너무 작잖아?" 혹은 "야, 넌 너무 크잖아?"라며 아무리 떠들어도 소용이 없다. 중앙값을 기준으로 두 개의 '교섭단체'가 구성된다. 중앙값보다 작은 값으로 구성된 교섭단체 하나와 더 큰 값으로 구성된 교섭단체 하나가 구성되는 것이다. 그 속에서 중앙값은 수평을 유지하는 저울 역할을 수행한다. 중앙값은 최고의 중개자이다. 중앙값이라는 중재자 덕분에 숫자들로 구성된 교섭단체 두 개가 화해와 협치를 끌어낸다.

중앙값 역시 사람만을 직접적 대상으로 삼지 않는다. 어떤 기준에 따라 나열할 수 있는 집단이라면 언제든지 중앙값을 도출할 수 있다. 예를 들어 사람의 매력도가 기준일 때에도 집단 내에서 가장 중앙에 있는 사람이 누구인지 알 수 있고, 그 사람이 중앙값이 되는 것이다.

우리는 케틀레의 평균인에 대적할 만한 대안, 즉 '중앙인median person'이라는 개념을 세상 밖으로 소환했다. 맨 처음 비유로 다시 한 번 되돌아가보자. 전문가들이 총 66건의 소견을 제시했는데, 그 중앙값은 120억 명이다. 이 수치는 레이우엔훅이 1679년 고심 끝에 제시한 수치와도 꽤 가까운 편이다(당시 지구의 인구는 6억 5000만 명이었다). 그뿐 아니라 120억 명이라는 말에는 왠지 모르게 고개가 끄덕여지기도 한다!

11

반대로 하고, 반대로 가라!

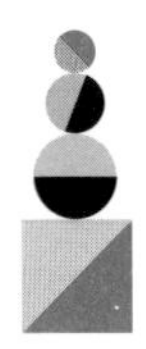

귀류법으로 무언가를 증명해내려면 처음에는 모든 진실을 부인해야 한다. 자신의 몸을 한 줌의 재로 완전히 태운 뒤에야 부활하는 불사조 같은 원리이다.

다니엘은 몇 달째 불면증 치료를 받고 있다. 효과는 전혀 없다. 낮 동안에 과연 오늘 밤에는 제대로 잠들 수 있을지 고민한다. 밤이 오자 침대에 눕지만 도무지 잠을 이룰 수 없다. 몇 시간째 뜬 눈으로 누워 있기만 한다. 온갖 잡생각이 떠오르고, 결국에는 잠들지 못하는 자신에게 화가 난다. 이튿날 생활이 제대로 돌아갈 리 없다. 몸은 종일 노곤하고, 신경은 날카롭게 곤두서 있다. 최근 들어 절망감에 빠질 때도 많다. 결국에는 불면 클리닉에 입원해야 하는 지경에 이른다.

병상에 누워 있으니 의사가 다가와 이렇게 말한다. "환자분이 잠드실 수 있도록 완벽한 환경을 갖춰놓았습니다. 한 가지 간단한 검사를 한 뒤 잠드시면 됩니다. 그런데 제가 잠시 다른 환자들을 좀 둘러봐야 합니다. 다녀와서 바로 검사를 해드리겠습니다. 제가 돌아올 때까지는 절대로 주무시면 안 됩니다!"

의사가 자리를 뜬 지 몇 분 지나지 않아 다니엘은 꾸벅꾸벅 졸기 시작한다. 의사가 돌아왔을 때는 이미 잠이 든 상태였다. 몇 시간 동안 기를 쓰고 잠이 들려고 해도 실패만 거듭했는데, 그날은 그렇게 금세 잠이 들었다.

위 상황에서 의사가 보여준 태도는 사실 불면증 치료 분야에서는 널리 알려진 치료법이다. '역설적 개입paradoxical intervention'이라 불리는 치료법인데, 위 사례에서처럼 잠들지 못해서 고민인 사람에게 절대로 잠들지 말라고 지시하면 금세 잠이 든다는 원리를 이용한 것, 즉 반사심리를 이용한 치료법이라 할 수 있다.

말이 나온 김에 한 가지 사례를 더 들어보겠다. 프랭크 파렐리Frank Farrelly라는 임상심리학자가 있었다. 그는 무한대의 인내심을 지닌 심리치료사였다. 조현병을 앓고 있는 환자와 100번을 상담하는 동안 파렐리는 내담자에게 늘 용기를 북돋우는 말만 했다. 당신은 소중한 사람, 능력 있는 사람, 좋은 사람, 잠재력이 뛰어난 사람이라는 좋은 말들만 해준 것이다. 하지만 내담자는 파렐리의 말에 늘 반박했다. 한심한 놈, 못난 놈이라 자신을 탓하며 더 큰 절망의 늪으로 빠졌다.

101번째 상담에서 파렐리는 지금까지와는 완전히 다른 태도를 보인다. 그는 내담자의 자기비하에 100퍼센트 동의했다. "아무래도 환자님 말씀이 옳으신 것 같습니다. 그래요, 환자님은 동기의식도 호탕한 결기도 재능도 없고, 외모도 형편없습니다. 아무짝에도 쓸모없는 한심한 사람, 겁쟁이일 뿐이죠."

내담자는 이제껏 단 한 번도 보여주지 않았던 에너지를 발동하면서 적극적인 자기방어에 나섰다. 자신의 장점들을 강력하게 피력했고, 자신은 결코 약골이나 한심한 놈이 아니라고 항변했다. 지금까지 자신이 쌓아온 경력들도 자랑처럼 늘어놓았다. 그렇게 몇 번의 상담을 더 하고 나니 내담자의 조현병은 호전세로 돌아섰다.

위 사례들이 우리에게 주는 공통적 교훈이 하나 있다. 누군가 내 자주적 권리를 빼앗으려 하거나, 우리를 제약하거나 비판하면 우리의 자아가 전면으로 나서며 거기에 맞선다는 것이다. 공격당한다 싶으면 얼른 반격 모드로 전환하는 것이다.

로미오와 줄리엣 효과

자녀가 사귀고 있는 남성 혹은 여성을 부모가 싫어할수록 당사자들의 애정은 더 깊어진다.

이 원칙은 동물들에게도 적용할 수 있다. 당나귀 주인이 좁은 축사 안으로 당나귀를 어떻게든 집어넣으려 한다. 그런데 당나귀의 고집이 여간 센 게 아니다. 앞에서 목줄을 당겨도 들어오지 않고 뒤에서 아무리 밀어도 꿈쩍 않고 버티고 서 있다. 주인이 뒤에서 꼬리를 바깥쪽으로 잡아당기자 당나귀는 언제 그랬냐는 듯 금세 축사 안으로 쏙 들어가 버렸다.

'반대의 법칙'의 최적의 대상은 아마도 아이들일 것이다. 엄마가 아이에게 "이제 다 컸으니 네 방은 네가 치워야지"라고 말하면 아이들은 절대 자기 방을 정리하지 않는다. 하지만 "우리 아들(딸)은 아직 너무 어리니까 혼자서 방 정리를 못 하겠지? 30분 내내 방을 치워도 표시도 안 나겠지?"라고 말하면 아이의 내면에서 갑자기 도전의식이 불끈불끈 치솟는다. 자기가 무언가를 못할 것이라 말하는 엄마한테 자신의 능력을 입증해 보이고 싶어지는 것이다.

실제로 반대로 가는 편이 도움을 줄 때가 많다. 역발상이 문제 해결의 열쇠라는 사실은 고대 그리스의 학자들도 이미 알고 있었다. '파포스의 정리'로 유명한 수학자 파포스pappos 역시 거꾸로 증명하기 방식을 이용해 수많은 업적을 남겼고, 누구나 한 번쯤은 이름을 들어봤을 법한 수학자 유클리드Euclid도 지금으로부터 거의 2000년 전 소수素數, prime number에 관해 연구할 때 역발상 방식을 활용했다. 소수는 1과 자기 자신으로만 나누어떨어지는 정수이다. 예컨대 5나 37이 소수에 속한다.

유클리드는 소수들의 간격이 점차 일정하게 벌어진다는 사실을 알았고, 언젠가는 가장 큰 소수와 맞닥뜨리지 않을까 하는 의문을 품었다. 그와 동시에 어쩌면 소수가 무한대로 계속 이어지지는 않을까 하는 의문도 품었다. 만약 소수가 끊임없이 이어진다면, 유클리드는 소수의 무한성을 증명하고 싶었다. 하지만 일반적인 사유로는 도저히 증명할 수 없었다.

유클리드는 발상을 전환했다. 우선 소수가 '유한'하다고 가정하고, 거기에서 실마리를 찾아낸 것이다. 만약 소수의 개수가 유한하다면, 그 소수들을 오름차순으로 죽 적어 내려가면 언젠가는 그 리스트가 끝이 나겠지? 얼마나 리스트가 길지는 아직 모르지만 결국에는 '바로 여기가 소수가 끝나는 지점이야'라며 깃발을 꽂을 수 있는 날이 오겠지?

그다음 목록에 포함된 모든 소수를 곱한 뒤 거기에 다시 1을 더하면, 그 수를 근거로 소수 목록에 포함된 가장 큰 수보다 더 큰 소수가 존재한다는 사실을 증명할 수 있지 않을까? 왜냐, '목록에 포함된 모든 소수의 합 + 1'이 그 자체로 소수가 아니라면 다른 소수로 나누어떨어져야 하는데, 그 수는 소수 목록에 포함된 수(혹은 그 수들의 곱)로는 결코 나누어떨어지지 않겠지? 마지막에 추가한 1 때문에 항상 나머지가 1이 될 테니까?

이로써 맨 처음의 가설, 즉 소수의 개수가 유한하다는 가정은 참이 아닌 것으로 판명했다. 위와 같은 방식을 활용하면 소수 목록의 길이가 얼마가 되었든 목록에서 가장 큰 수보다 더 큰 소수를 찾아낼 수 있기 때문이다. 즉, 맨 처음의 가설에 반대되는 내용, 소수의 개수는 무한하다는 가설을 입증한 것이다.

유클리드가 활용한 방법은 이른바 '귀류법reductio ad absurdum'이라는 증명 방식이다. 소수의 개수가 무한함을 입증한 유클리드의 증명은 시대를 초월하는 우아함과 힘을 지닌 수학계의 보석이요, 인류의 위대한 지혜의 문화유산이다. 이 증명은 수학사 전체를 통틀어 가장 아름다운 증명 중 하나일 뿐 아니라 장차 위대한 수학자가 될 떡잎을 판가름하는 '리트머스 시험지'였다.

귀류법으로 무언가를 증명하려면 처음에는 모든 진실을 부인해야 한다. 일단 모든 것을 포기하고 자신이 진실이라 믿는 것과는 정반대의 상황을 가정해야만 마지막에 웃을 수 있다. 거짓인 것, 모순되는 것을 일단 전제해야 완전한 진실, 완벽한 참에 도달할 수 있다. 자신의 몸을 완전히 태운 뒤에야 부활하는 불사조와 같은 원리이다.

이탈리아가 낳은 위대한 천문학자이자 물리학자인 갈릴레오 갈릴레이Galileo Galilei도 16세기에 이 방법을 활용해 자신의 이론을 증명했다. 갈릴레이는 무거운 물체가 가벼운 물체보다 더 빨리 아래로 떨어진다는 아리스토텔레스의 이론을 의심했다. 하지만 증명할 방법이 없었다. 어느 날 천재적인 발상이 떠올랐고, 즉시 사고실험experiment in thought에 돌입했다. 무거운 물체 하나와 가벼운 물체 하나를 아주 가벼운 실로 묶은 뒤 떨어뜨리면 어떤 일이 벌어질지를 상상했다.

그 두 물체를 높은 곳에서 던지면 어떤 일이 벌어질까?

만약 아리스토텔레스의 주장이 옳다면 무거운 물체가 가벼운 물체보다 더 빨리 낙하해야 한다. 하지만 둘을 하나로 묶었기 때문에 실이 금세 팽팽해지고, 그 때문에 가벼운 물체가 무거운 물체의 낙하를 중단시키는 효과가 발생한다. 무거운 물체의 낙하속도가 가벼운 물체와 연결하지 않았을 때보다 더 느려지는 것이다.

잠깐! 무거운 물체는 가벼운 물체와 실로 연결되어 있다고 했고, 이에 따라 두 물체의 무게는 합산된다. 아리스토텔레스의 말대로라면 무거운 물체의 낙하속도도 자기 혼자 떨어질 때보다 더 빨라져야 하는데, 실제로는 그렇지 않다는 것이다.

위 두 단락은 서로 모순이다. 아리스토텔레스의 주장이 논리적 함정에 빠진 것이다. 논리적 함정에서 헤어나는 길은 하나밖에 없다. 모든 물체의 낙하속도가 동일해야만 논리적 오류에서 빠져나올 수 있다.

또 다른 사례 하나를 들어보자. 병 안에 브라질너트와 땅콩이 함께 들어 있다. 알갱이의 크기는 브라질너트가 당연히 더 크다. 이 상태에서 유리병을 흔들면 땅콩보다 무거운 브라질너트가 모두 다 아래로 내려갈까? 그렇지 않다. 오히려 브라질너트가 위쪽에 모일 확률이 더 높다. 부피가 작은 땅콩이 브라질너트 사이의 틈새로 빠지면서 아래로 내려가고, 그러면서 브라질너트를 위로 밀어 올리는 효과가 발생하기 때문이다.

부메랑 효과

심리학자 대니얼 웨그너Daniel Wegner는 어떤 고민이나 생각에서 벗어나려 애쓸수록 점점 더 깊이 빠져든다는 사실을 실험으로 입증했다. 실험참가자 중 한 그룹에게는 절대로 흰곰을 떠올리지 말라고 부탁했고, 나머지 그룹에게는 계속 흰곰만 상상하라고 요구했다. 흰곰이 머릿속에 떠오를 때마다 앞에 놓인 버튼을 누르라고 부탁했다. 5분이 지난 뒤, 첫번째 그룹에 속한 피실험자들은 두번째 그룹보다 2배나 더 많이 버튼을 눌렀다.

웨그너는 어떤 고민이나 압박감을 떨쳐내려 애쓸수록 우리 뇌는 금기시하는 부분에 더 집중한다고 설명한다. 무언가를 하지 말라고 하는 순간, 거기에 더 본격적으로 집중하고, 오히려 그 부분만 자꾸 떠올린다는 것이다. 어떤 생각을 날려버리려 노력할수록 그 생각은 금세 되돌아와서 우리 귓전을 울리고 뇌를 지배한다. 마치 부메랑처럼.

결론: 원하는 방향으로 좀체 나아갈 수 없을 때, 어떤 사실을 도저히 확신할 수 없을 때, 내가 내리려는 결정이 옳은지 그른지 알 수 없을 때, 때로는 역발상이 큰 도움을 준다. 출발선이 아닌 도착점에서 문제를 거꾸로 바라보면 의외로 해답을 쉽게 찾을 수도 있다. 독일의 희극배우이자 작가, 영화제작자인 카를 발렌틴Karl Valentin은 이렇게 말했다. “반대 방향에서 바라보면 끝나는 지점이 바로 시작점이다!”

12
기발한 갈등 해소법

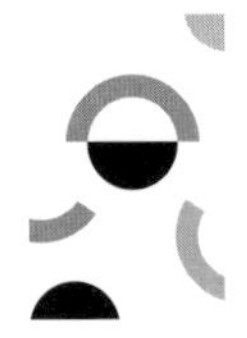

수학자이자 생물학자인 아나톨 라포포트는 갈등과 논쟁을 중단시키는 대화법을 만들었다. 이 방법은 매우 효과적이어서 실제 상황에서도 적용할 수 있다.

아킬이 행복한 표정으로 바나나를 먹고 있다. 그 모습을 보고 있던 로레타가 아킬에게 다가간다. 한 번의 포옹과 약간의 애무 후 아킬과 로레타는 바나나를 나눠 먹는다. 아킬은 보노보bonobo(유인원의 일종) 수컷이고 로레타는 아킬의 여자 친구이다. 보노보는 침팬지와 더불어 인간과 가장 유사한 동물이다. 유전자가 인간과 99퍼센트 일치할 정도로 가깝다. 인간과 보노보는 여우와 개만큼이나 유전학적으로 가까운 친척 사이이다.

보노보와 침팬지는 야생 상태에서는 콩고 지역에만 서식하는 동물이다. 두 동물은 콩고의 거대한 하천을 사이에 두고 서로 다른 지역에 살고, 수영을 못하기 때문에 서로 마주칠 일이 거의 없다.

어찌 보면 다행이다. 두 동물의 성향이 근본적으로 다르기 때문이다. 그 둘의 관계는 쉽게 말해 물과 기름이다. 함께 어울려 평화롭게 살기에는 아무래도 힘든 점이 많다. 가장 큰 차이는 아마도 갈등 해소 방식일 것이다. 침팬지들은 폭력으로 갈등을 해소하는 반면, 보노보들은 성관계로 문제를 해결한다.

'서로 사랑하면 되는데, 전쟁을 왜 해요?' 이것이 보노보들의 강령이다. 보노보는 온화하고, 부드럽고, 다툼을 싫어한다. '영장류 세계의 히피족'이라 불러도 될 만큼 평화를 사랑하고, 웬만해선 공격성을 드러내지 않는다. 서로의 성기를 맞대고 비비는 행위를 비롯한 각종 스킨십은 보노보의 일상이다. 사회화도 비교적 쉽게 이루어진다.

먹잇감을 찾던 보노보 두 부족이 서로 마주치면 처음에는 괴성을 내지른다. 하지만 괴성은 금세 잦아들고, 두 부족은 이내 난교에 돌입한다. 각종 아이디어를 동원하며 체위를 바꿀 뿐 아니라 파트너 교환도 심심찮게 이루어진다. 보노보들 앞에서는 『카마수트라*Kāmasūtra*』도 울고 갈 지경이다. 한바탕 난교가 끝나면 먹잇감을 사이좋게 나눠 먹는다.

침팬지들은 다르다. 먹잇감을 앞에 둔 침팬지 부족들은 일단 주먹부터 휘두른다. 사망자나 부상자가 속출하는 때도 빈번하다. 강간이나 유아살해도 흔히 목격할 수 있다. 살아남은 침팬지가 죽은 침팬지의 사체를 먹는 '식食침팬지 행위'도 종종 벌어진다. 침팬지들은 한마디로 말해

'선천적 킬러'들이다.

영장류 전문가인 프란스 드 발Frans de Waal은 인간과 가장 가까운 친척인 두 동물의 성향을 이렇게 정리한다. "침팬지는 섹스하기 위해 폭력을 행사하고, 보노보는 폭력을 피하는 수단으로 섹스를 활용한다."

침팬지 사회에서는 수컷이 암컷을 지배하고, 수컷들 간의 서열 다툼도 치열하다. 침팬지 수컷들은 누가 자기편인지에 늘 촉각을 곤두세우고, 기를 쓰고 '연합군'을 찾는다. 그중 가장 힘이 센 놈, 가장 많은 아군을 확보한 놈이 우두머리가 된다. 하지만 암컷들끼리는 연대감이 약하고, 부족 내에서의 위상도 매우 낮은 편이다.

보노보 사회는 모계사회라 불러도 좋을 정도로 암컷이 강한 권력을 지닌다. 암컷들끼리의 유대감도 강해서 필요할 때마다 언제든지 서로 돕는다. 만약 수컷 한 마리가 대열을 이탈하면, 예컨대 암컷을 기습적으로 공격하거나 어떤 방법으로든 해를 가하면 암컷 무리가 우르르 몰려가서 그 수컷을 다시 대열 속으로 밀어 넣는다.

보노보에게는 공감 능력이 있다. 암컷 보노보가 눈물을 흘리는 모습도 가끔 관찰된다. 보노보가 폭력 없이 사는 비법은 아마 자신을 상대방의 처지에 대입하는 역지사지의 능력 때문일 것이다.

인종학자 제임스 프레스콧James Prescott은 몇 차례의 연구 결과, 인간사회에도 여유롭고 자유로운 성생활과 강박적 폭력 성향 사이에 모종의 연관관계가 존재한다는 결론에 도달했다. 이를 설명하기 위해 프레스콧은 지금의 뉴욕주 북부에 모여 살던 이로쿼이Iroquois라는 인디언 부족을 예로 들었다. 이로쿼이족은 모든 핏줄이 함께 모여 대가족을 이

루며 살았고, 때에 따라 두 사람 이상을 동시에 사랑하는 '폴리아모리 polyamory' 관계를 맺기도 했다. 폭력적인 성향은 거의 없었다.

행복의 공식

어느 기자가 만족도 관련 기사를 작성하기 위해 보행자 전용도로를 지나가는 사람들에게 몇 가지 질문을 던졌다. 아주 흡족한 표정을 짓는 어느 행인에게 기자가 물었다. "아주 만족스러운 표정이신데, 그렇게 행복할 수 있는 비결이 무엇인가요?" 남자는 이렇게 답했다. "저는 결코 누구와도, 그 어떤 주제로도 말다툼을 벌이지 않아요." 기자가 반박했다. "하지만 그게 전부는 아닐 텐데요?" 남자가 다시 이렇게 답했다. "그래요, 당신 말이 옳아요. 아무래도 그게 전부는 아니겠죠."

수학자이자 생물학자인 아나톨 라포포트Anatol Rapoport는 갈등과 협력에 대해 집중적으로 파고든 학자이다. 라포포트는 갈등을 2가지로, 즉 '분쟁'과 '게임'으로 구분했다. 분쟁은 폭력을 동반한 다툼을 뜻하고, 심한 경우 상대를 완전히 파괴할 수도 있다. 하지만 게임은 정해진 규칙의 틀 안에서 누가 더 센지를 겨루는 행위이다. 말다툼은 갈등과 협력 사이 어딘가에 있다. 말다툼의 목적은 상대방이 내 주장에 수긍하게 만드는 것이다.

갈등과 논쟁을 중단시키는 기발한 방법이 있다. 분쟁 당사자들이 각자 자신의 입장을 읊는 대신 일종의 '교차 방식'을 활용하는 것이다. 여기에 2명의 '싸움닭'이 있다. 그중 싸움닭 한 명에게 상대방의 주장이 무엇인지를 상세히 말해보라고 한다. 중요한 것은 상대방이 만족할 만한 수준으로 상대방의 심정을 구체적으로, 정확히 설명해야 한다는 것이다.

그다음 역할을 바꾼다. 두번째 싸움닭이 첫번째 싸움닭의 의견과 주장을 그 사람의 입장이 되어 정확히 설명하는 것이다. 라포포트가 제안한 이 대화 방식은 매우 효과적인 갈등중재 수단이다. 실제 상황에서도 갈등의 강도가 눈으로 확인할 수 있을 정도로 많이 줄어들었다.

라포포트식 법률 상담

어느 남자가 변호사 사무실에 가서 현재 자신이 누구와 어떤 문제를 겪고 있는지를 상세히 털어놓았다. 변호사가 이렇게 말한다. "좋습니다. 제가 그 사건을 맡기로 하죠. 분명 승소할 겁니다." 사내가 말한다. "저는 이 사건을 법정까지 끌고 가고 싶지 않습니다." 변호사가 되묻는다. "왜 싫으신 거죠? 분명 우리가 재판에서 이길 텐데요?" 사내는 이렇게 답했다. "당신이 이길 게 분명하기 때문에 법정으로 가지 않겠다는 겁니다. 조금 전에 제가 말씀드린 내용은 제 입장이 아니라 상대방의 관점에서 말씀드린 것이거든요."

라포포트의 대화 방식은 상대방의 입장을 조명하는 방식, 상대방의 입장에서 생각하게 만드는 방식이다. 이 방식은 심리학에서 말하는 '반영reflection' 행위, 즉 무의식적으로 상대방을 모방하는 행위를 내용적으로 약간 변화시킨 방법이라고 할 수 있다. 반영 행위가 해빙 분위기를 불러온다는 사실을 입증한 연구는 그간 셀 수 없이 많았다. 그중 대부분 연구에서 인간은 대화 도중 자신의 몸짓이나 표정, 앉거나 서 있는 자세를 따라 하는 사람에게 마음이 더 끌린다는 결론이 나왔다.

대화 당사자들이 서로에게 끌릴 때면 두 사람 다 무의식적으로 상대방을 따라 한다. 거의 예외가 없다. 이러한 인과관계는 거꾸로도 작용한다. 서로를 좋아하기 때문에 서로의 행동이나 표정을 따라 할 수도 있지만, 서로를 모방하는 과정에서 호감도가 상승할 수 있다는 것이다. 반영, 즉 모방 행위를 통해 상대방의 감정이나 생각을 더 잘 이해할 수 있기 때문이다.

라포포트의 대화 방식은 심리학적으로 효과가 매우 크다. 상대방에게 심리적으로 한 걸음 다가갈 기회를 제공해주기 때문이다. 이를 통해 상대방의 사고방식에도 더 빨리 익숙해질 수 있다.

반영 행위는 게임을 승리로 이끄는 도구다. 한 가지 예를 들어보자. 안네와 베르트가 정사각형 모양의 자그마한 테이블 앞에 앉아 있다. 두 사람은 지금 '동전 놓기' 게임을 하는 중이다. 한 사람이 1유로짜리 동전을 테이블 위 아무 데나 놓으면, 다음 사람이 자기 동전을 다른 곳에 놓는다. 동전은 납작하게 누워 있어야 한다. 하나의 동전이 다른 동전과 조금이라도 위아래로 겹쳐서는 안 되고, 동전 일부가 테이블 밖으로 삐져나가도 안 된다. 이미 놓은 동전을 나중에 옆으로 슬쩍 밀지도 못한다. 더 동전을 놓을 자리를 찾지 못하는 사람이 게임의 패자다. 두 사람은 제비뽑기로 순서를 결정한다. 안네가 이겼다. 먼저 시작해도 좋다는 뜻이다.

안네가 동전 하나를 테이블 위에 올린다. 베르트가 금세 항복을 선언한다. 안네가 대체 동전을 어디에 두었기에 베르트는 게임을 시작하자마자 포기한 것일까?

안네의 생각은 이랬다. 내가 만약 어딘가에 동전을 올려두면 베르트는 금세 내 전략을 간파하고 자기 동전을 나와 정반대 위치에 올려놓겠지? 예를 들어 내가 어느 모서리에 동전을 놓으면 베르트는 분명 그 반대편 모서리에다 동전을 올려둘 거야! 마치 테이블 중앙에 거울을 둔 것처럼 내 동전과 딱 대척하는 위치에 베르트의 동전이 올라올 거야. 뭐야, 나중에 내가 동전을 놓아둘 자리가 없어지고, 결국 내가 진다는 말이잖아? 아냐, 난 이 '사악한 쌍둥이evil twin' 전략에 빠져들지 않겠어!

안네가 베르트로 하여금 사악한 쌍둥이 전략을 활용하지 못하게 만드는 기회는 단 한 번, 그것도 맨 처음 동전을 올려놓을 때밖에 없다. 첫 번째 동전을 테이블 정중앙에 올려두는 것이다! 정중앙에 대칭하는 지점은 없다. 이제 베르트가 자신의 동전을 정중앙이 아닌 어딘가에 올려야 하고, 그러면 거꾸로 안네가 칼자루를 쥔다. 안네가 사악한 쌍둥이 전략을 활용할 수 있게 되는 것이다. 베르트는 희망이 없다. 지금부터 대칭 구도를 깰 방법이 없기 때문이다. 베르트는 안네가 첫 동전을 올려놓자마자 그 사실을 꿰뚫고 일찌감치 포기를 선언한 것이다.

13

앞날 예측하기

리처드 고트는 단 하나의 정보만을 가지고
복잡한 상황을 매우 정확하게 예측하는 계산법을 만들었다.
이에 따르면 인류의 남은 생존기간은 380만 년이다.

어느 수학자가 침대에 누워 세상 모든 고통과 삶의 의미를 사유하기 시작한다. 구체적으로 말하자면 '인류는 앞으로 얼마나 더 살아남을 수 있을까?'가 오늘 고민의 주제이다. 어떻게 하면 인류의 운명을 점칠 수 있을까? 그저 막연히 짐작하는 것 말고 다른 방법은 없을까? 혹시 종교나 신앙을 동원하면 좀 더 정확한 답을 구할 수 있을까? 어쩌면 수학이 도움을 주지 않을까?

우선 무대를 잠시 이동해보겠다. 1969년 미국의 천문학자 리처드 고트Richard Gott가 학회에 참가하기 위해 베를린을 찾는다. 중간에 하루 비는 시간을 이용해 고트는 베를린장벽과 그 주변을 둘러보았다. 가장 유명한 검문소인 '체크포인트 찰리Checkpoint Charlie' 앞에서 고트는 과연 이 장벽이 얼마나 더 오래 남아 있을지를 고민했다.

고트의 사고실험 과정은 다음과 같았다. 지금 나는 장벽 설치 시점은 알고 있지만 언제 철거될지 (당시는 아직) 모르는 상태이다. 내가 알고 있는 그 시점과 지금으로서는 알 수 없는 장벽 철거 시점을 이은 선을 하나의 타임라인이라 가정할 때, 지금 내가 장벽을 방문한 시각은 분명 그 타임라인상의 어딘가에 있을 것이다. 그런데 내가 베를린을 방문한 사실은 장벽의 수명과 전혀 상관이 없다. 따라서 내가 서 있는 이 시점을 장벽의 전체 수명, 즉 해당 타임라인 중 어디에 찍어도 문제가 없다.

이제 타임라인을 4개로 쪼개자. 내 방문 시점이 4부분 중 하나에 위치할 확률은 각기 25퍼센트이다. 따라서 첫번째 4분의 1 부분이 아니라 나머지 3개 부분 중 하나에 있을 확률은 75퍼센트다(25퍼센트×3=75퍼센트). 이제 내 방문지점이 3개 부분 중에서 정확히 어디에 있을 때 장벽의 남은 기간이 가장 길어지는지를 고민해볼까? 그렇다, 첫번째 4분의 1지점이 끝나는 지점에 내 방문 시점이 놓여 있을 때 장벽의 수명이 가장 길어진다. 지금까지 존재한 기간의 3배만큼 더 남아 있을 것이기 때문이다.

고트가 베를린장벽을 찾았을 당시는 장벽이 세워진 지 막 8년이 지난 시점이었다. 고트는 장벽이 앞으로 최대 24년간 그 자리에 있을 확률이 75퍼센트라고 보았다(3×8년=24년). 즉 1993년이면 해체하고 없을 것으로 예측한 것이다. 고트의 예측은 들어맞았다. 75퍼센트의 적중률을 지닌 '3의 법칙rule of three'이 제대로 작동한 것이다. 만약 95퍼센트의 적중률을 요구하는 경우라면 3의 법칙 대신 19의 법칙을 적용한다.

고트는 과거의 기간을 바탕으로 미래를 계산하는 방식을 채택했다. 이 방법이 늘 통하는 것은 아니다. 이 방법이 효과를 발휘하려면 기준 시점(예컨대 장벽 방문 시점)이 완전히 우연에 의해 채택된 시점이어야 한다. 전체 타임라인 중 순전히 임의로 한 시점을 골라야 수학의 법칙이 제대로 발동하고 적중률도 높아진다.

한편, 고트는 1993년 5월 27일, 전 세계 313명의 국가 및 정부 수반의 남은 임기를 계산했다. 계산법은 베를린장벽의 남은 기간과 동일했지만, 이번에는 75퍼센트보다 훨씬 높은 적중률인 95퍼센트를 원했고, 3의 법칙 대신 19의 법칙을 활용했다. 313명 중 지금도 현직에 남아 국가를 통치하는 수장은 한 명도 없다(313명 중 296명의 남은 임기를 거의 정확하게 맞혔다). 실제로 95퍼센트에 가까운 적중률을 보인 것이다. 빙고! 실로 위대한 예측법이 아니라 할 수 없다!

고트의 히틀러 잔존임기 계산법

1933년 1월 30일, 권좌에 오른 지 딱 8개월이 되던 날 아돌프 히틀러Adolf Hitler는 자신이 세운 국가가 앞으로 1000년 동안 건재할 것이라 선포했다. 고트의 의견은 그것과 달랐다. 고트는 히틀러의 천년제국, 즉 제3제국이 앞으로 약 13년밖에 버티지 못할 것이라 예언했다. 19의 법칙을 활용한 것이었다. 실제로 그랬다. 폭력을 일삼던 독재 제3제국은 그로부터 약 12년 뒤 역사 속으로 사라졌다.

고트의 방식은 기적을 불러오는 마법의 도구이다. 사실상 '맨땅에 헤딩'이라 불러도 좋을 정도로 무모해 보이지만 그 효과는 의외로 엄청나다. 단 하나의 통계학적 원칙과 약간의 이성적 사고만으로도 복잡한 상황을 매우 정확하게 예측한다.

도무지 감이 오지 않는 상황에서도 고트의 방식은 문제 해결의 실마리를 제공한다. 방금 기차를 타고 어느 도시에서 내린 뒤 택시 정류장으로 갔다고 치자. 각 택시에는 1부터 오름차순으로 번호가 매겨져 있다. 그중 내가 탄 택시의 번호는 17이다. 그것을 바탕으로 이 도시의 총 택시 수가 얼마인지 어림짐작할 수 있을까? 제발 좀 알려달라고 신께 기도하면 알 수 있을까? 아니면 고트에게 물어보는 편이 더 나을까?

다시 사고실험의 시간이 돌아왔다. 내 눈에는 정류장에 서 있는 택시들은 모두 똑같은 모양을 하고 있다. 특별히 더 편안하고 쾌적해 보이는 택시는 없다. 그중 어떤 택시를 타더라도 큰 차이는 없을 것이다. 도시 전체의 택시를 2그룹으로 나누었을 때 내가 1그룹의 택시 중 하나에 올라탈 확률은 50퍼센트이다. 또, 내가 탄 택시가 전체 택시 중 번호가 낮은 10퍼센트에 속할 확률 역시 10퍼센트이다. 다시 처음으로 돌아가보자. 그 도시의 총 택시 수가 34대보다 더 많을 확률은 50퍼센트이다(2그룹×17대=34대). 하지만 그 도시에 택시가 최소한 170대가 있을 확률은 10퍼센트이다(10그룹×17대=170대). 이렇게 그 도시의 총 택시 수가 최소한 170대일 거라는 추측이 가능하다.

이번에는 우리 생활과 좀 더 밀접한 분야로 시선을 돌려보겠다. 이 글을 읽고 있는 바로 이 시점을 기준으로 연인관계 혹은 결혼생활의 지속 기간을 계산해보는 것은 어떨까? 고트의 계산 방식에서 독자가 책을 읽는 시점은 관계의 지속 기간과 아무런 연관성이 없다. 순전히 우연에 의해 채택한 시점이다. 그 말은 이 시점을 기준으로 관계의 지속 기간을 예측해도 좋다는 뜻이다.

지금까지 연인이나 배우자와 함께 한 시간이 n년이라고 가정할 때, 이 관계가 $3 \times n$년 이후 더 유지되지 않을 확률은 75퍼센트이다. 어떤 이유에서 갈라서게 될지 모르지만 아무튼 3의 법칙을 적용할 때, 확률상으로는 그렇다. 함께한 시간이 1년이라면 3년 뒤에는 그 사람과 내가 함께 하지 않을 확률이 75퍼센트이다. 7년을 함께했다면 최대 21년 뒤에는 그 사람이 내 연인이나 배우자가 아닐 확률이 75퍼센트이다.

고트의 계산 방식은 극도로 단순하다. 이 계산 방식에서 입력하는 정보는 단 한 가지뿐이다. 위 사례들의 경우, 어떤 일이 지금까지 진행된 기간만이 유일한 정보다. 예컨대 2년이라는 정보 하나만 가지고도 지은 지 2년 된 건물의 유지 기간, 결혼한 지 2년 된 부부의 결혼 지속 기간, 벌써 2년째 1만 포인트를 상회하고 있는 DAX 지수가 앞으로도 1만 포인트 이상을 꾸준히 기록할 기간 등을 예측할 수 있다. 놀랍지 않은가?

다시 한 번 강조하지만 핵심은 관찰 시점을 무작위로 선정해야 한다는 것이다. 그 관찰 시점을 기준으로 이미 오랫동안 지속한 사건이나 제도, 물리적 물체 등은 앞으로 오랜 기간 유지할 확률이 높다. 복잡한 이론을 동원할 필요 없이 조금만 생각해도 알 수 있다. 예를 들어 몇천 년 동안 건재함을 과시하고 있는 이집트의 피라미드나 중국의 만리장성이 100년 뒤에도 그 자리에 있을 확률은 왠지 높을 것 같지 않은가? 하지만 지난해 유로비전 송 콘테스트Eurovision Song Contest에서 우승을 차지한 노래는 한철 유행하다가 기억 밖으로 밀려날 공산이 크다. 100년 뒤에도 그 노래를 듣는 사람은, 모르긴 해도 거의 없을 것이다. 그보다 지난해 유로비전 송 콘테스트에서 어느 나라가 우승했는지 기억하는 사람이 있을지 의심스럽다.

고트의 계산 방식은 실생활에도 큰 도움을 준다. 여객선이나 비행기 등 어떤 교통수단이든 처녀운항, 처녀비행, 처녀운행을 하는 교통수단은 무조건 피하는 것이 좋다. 적어도 25회 정도는 무사고로 운행한 경험이 있는 교통수단을 선택하는 것이 목숨을 오래 부지하는 길이다. 그 정도로 안전성이 검증된 교통수단이라면 내가 탔을 때도 사고가 나지 않을 확률이 높아지기 때문이다. 이 주먹구구식 법칙만 알고 있었더라도 처녀운항에서 침몰한 타이태닉호나 19세기 대서양을 횡단하다가 폭발 사고로 잿더미가 되어버린 힌덴부르크 비행선의 대참사는 벌어지지 않았을 것이다. 열번째 임무수행 과정에서 폭발한 챌린저호의 비극도 아마 규모가 줄어들었을 것이다.

이 주제를 마무리하기 전에 먼 옛날로 돌아가보자. 과연 인류는 얼마나 더 생존할 수 있을까? 이 역시 고트의 방식으로 계산할 수 있다.

언젠가 지구상에 호모사피엔스가 존재하기 시작했다. 그 시초가 아담과 이브인지, 혹은 그 외 다른 사람인지 모르겠지만 분명 호모사피엔스는 과거 어느 날부터 지구상에 살기 시작했고, 지금도 살아가고 있다. 하지만 호모에렉투스*homo erectus*나 네안데르탈인이 멸종한 것처럼 호모사피엔스도 언젠가 멸종할 것이다. 그 이유는 예컨대 전 지구를 강타하는 핵폭발이나 거대한 운석 충돌이라고 해두자. 6500만 년 전에도 엄청난 크기의 소행성이 지구와 충돌한 적이 있다. 다행히 그때는 운이 좋았는지 지구가 완전히 멸망하지는 않았다.

쉽지 않다!

쉽게 이해할 수 있는 우주는
너무나도 쉬워서
그 우주를 이해할 수 있는 이성理性을
창출해낼 수 없다.

– 존 배로John Barrow

거듭 말하지만 무작위로 택한 하나의 시점을 기준으로 생물이나 사물의 남은 생존 기간을 계산하는 방법은 매우 천재적이다. 하지만 인류의 멸종 시기를 예측할 때에는 특정 시점 대신 인류가 최초로 출현한 시기를 기준으로 계산하는 것이 더 합리적이다.

호모사피엔스는 약 20만 년 전에 지구상에 출현했다. 여기에 19의 법칙을 적용해 인류의 남은 생존 기간을 계산하면 20만 년×19=380만 년이다. 최대 380만 년 후에는 인류가 지구상에 남아 있지 않을 확률이 95퍼센트이다.

이 예측 결과는 포유류 종의 수명에 관한 생물학계의 연구 결과와도 거의 일치한다. 참고로 생물학계에서는 고트의 방식이 아닌 다른 방식으로 포유류 종의 수명을 조사했다. 그 방식은 우리 조상들의 생존 기간과도 거의 일치했다. 직립원인은 160만 년 정도 지구상에 분포했고, 네안데르탈인은 30만 년 정도를 살았다. 티라노사우루스 과科 공룡들 중에서도 몸집이 가장 거대하다는 티라노사우루스 렉스*Tyrannosaurus Rex*조차도 250만 년 정도 지구에 살다가 결국 멸종했다. 인류도 결국 어느 시점에는 멸종하지 않을까?

14

시차로 인한 피로를 속이는 법

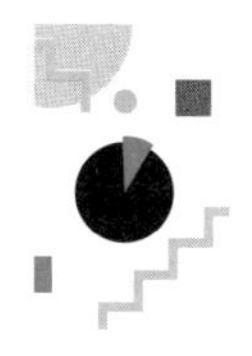

뇌를 살짝 속이면서, 다시 말해 뇌가 알고 있는 시각이 아닌 다른 시각을 뇌에 주입하면서 시차증을 빨리 극복할 수 있다.

최근 신문을 읽다 비행기를 타야 하는 반려동물들을 위한 희소식을 발견했다. 기사 제목은 '햄스터의 시차증후군을 줄여주는 비아그라!'였다. 아르헨티나의 생물학자 디에고 골롬베크Diego Golombek는 실험용 햄스터에게 아침 식사로 비아그라를 먹였다. 그다음 조명을 밝게 했다가 어둡게 조절하며 시간을 인위적으로 앞당겼다. 말하자면 설치류 동물인 햄스터를 뉴욕에서 비행기에 태워 프랑크푸르트로 이동시키는 것과 동일한 효과를 노린 것이다.

비아그라를 복용한 햄스터의 생체리듬은 비아그라를 먹이지 않은 햄스터에 비해 시차에 빨리 적응했다. 실험군이 대조군보다 더 빨리 일상적 리듬을 회복한 것이었다. 실험군에 속하는 햄스터들은 쳇바퀴를 돌리며 놀다가 톱밥 위에서 쉬는 등 평소와 다름없는 행동 패턴을 보였다. 반면, 대조군에 속하는 햄스터들은 실험군보다 2배의 시간이 지난 뒤 비로소 시차를 극복하기 시작했다. 참고로 비아그라를 복용한 햄스터들에게 '부작용(?)'도 나타났다. 실험군 햄스터 수컷들에게 강력한 발기 효과가 나타난 것이다.

이 분야의 연구는 아직 초보 단계를 벗어나지 못하고 있다. 예를 들어 암컷 햄스터들은 어떤 방식으로 시차로 인한 피로나 장거리 여행으로 인한 부작용을 극복할 수 있는지 밝혀지지 않았고, 야행성 동물인 햄스터는 효과를 보았지만 비아그라 복용이 과연 인간의 시차증후군 극복에도 도움이 될지 역시 밝혀지지 않았다.

하지만 시차증후군과 발기부전 치료 사이에서 접점을 발견했다는 사실, 인류에게 도움을 주기 위해 그 연구 결과를 세상에 공개한 것은 분명 찬사를 받아 마땅한 일이다. 골롬베크 박사는 그 공로를 인정받아 노벨상을 받았다. 물론 모두가 잘 아는 그 노벨상은 아니다. 골롬베크가 받은 상은 하버드대학교에서 매년 엉뚱하지만 기발한 업적을 선정해서 수여하는 '이그 노벨상Ig Nobel Prize'이었다.

개인적으로 하버드대학교에서 주관하는 '괴짜 노벨상'을 지지한다. 그중에서도 내가 가장 재미있다고 생각한 상은 2000년도 이그 노벨 평화상이다. 수상자는 영국 해군이었다. 당시 영국 해군은 함포사격 훈련에서 비용을 절감하기 위해 공포탄을 연속으로 쏘는 대신 목표지점을 향해 마이크에 대고 "탕! 탕!"이라며 고함을 지르는 방식을 택했다.

아주 모범적인 훈련 방식이다. 내게 결정권이 있다면 해군 훈련뿐 아니라 실제 전쟁에서도 이렇게 고함을 지르며 싸우게 할 것이다. '목소리 전투'야말로 내가 오랫동안 염원해온 전쟁 방식이다. 하지만 인터뷰에 응한 영국 해군들은 그 일로 인해 자신들의 신성한 훈련이 웃음거리로 전락했다며 아쉬움을 토로했다고 한다.

다시 본래 주제로 돌아가보자.

시차라……, 그렇다, 시차는 우리 몸 안에서 2개의 다른 시간 체계가 싸움을 벌이는 상황을 가리키는 말이다. 첫번째 시간 체계는 우리의 평소 생활리듬이다. 우리는 늘 생활리듬에 따라 살고, 우리 몸을 구성하는 모든 기관이 거기에 맞춰 돌아간다. 또 다른 시간 체계는 외부의 물리적 시간이다. 지구를 반 바퀴쯤, 혹은 그 이하나 그 이상을 돌며 달라진 빛의 밝기에 억지로 적응해야 한다. '제트래그jet lag', 즉 시차로 인한 피로란 우리 내면의 시간이 우리가 도착한 현지의 시간과 일치하지 않는 것을 뜻한다.

시차증후군은 대개 짧은 시간에 여러 시간대를 통과할 때 나타난다. 특히 서쪽보다 동쪽으로 이동할 때 시차증후군이 훨씬 심해진다. 예를 들어 아침 10시에 프랑크푸르트에서 8시간 동안 비행기를 타고 뉴욕으로 이동한다고 가정해보자. 이 경우 서쪽으로 이동하는 것이고, 현지 도착시각은 대략 정오쯤이다. 우리 몸은 그때가 낮 12시가 아니라 저녁 6시라고 알고 있다. 뉴욕 숙소에서 밤 10시에 잠이 든다는 말은 밤새

뜬눈으로 버티다가 새벽 4시쯤 잠이 든다는 뜻이다. 평소보다 6시간 정도 늦게 잠드는 것이다. 그래도 그 정도는 견딜 만하다.

반대로 저녁 7시에 동쪽으로 8시간 동안 6개의 시간대를 거쳐 인도의 뭄바이에 도착하면 현지시각은 밤 10시이다. 밤을 꼬박 지새우는 것으로도 모자라 오후 4시에야 비로소 잠이 든다는 뜻이다. 평소보다 무려 18시간(!) 늦게 잠드는 것이다. 상황이 심각해진다.

시차로 인한 피로감은 과음으로 인한 숙취와 거의 동급이다. 독일어에서는 시차를 '시간대 숙취Zeitzonen-Kater'라 부르는데, 시차증후군의 강도가 숙취만큼 강하기 때문에 생겨난 말이 아닐까?

우리 내면의 시계는 외부의 시계가 자신과 일치하지 않는다는 느낌이 들면 그 즉시 외부의 시계에 적응하려는 기제를 발동시킨다. 두 시계가 딱딱 들어맞지 않으면 몸속에서 일어나는 모든 과정이 뒤엉킨다. 마치 승마 종목 중 장애물 뛰어넘기 경기에서, 기수는 이제 막 부츠 끈을 조이고 있는데 말이 첫번째 장애물을 뛰어넘는 것처럼 혼란스러운 사태가 벌어지는 것이다. 말은 기수가 없어도 승마용 말이지만, 안장에 오르지 않은 기수는 기수가 아니라 '그냥 사람'일 뿐이다. 시차증후군이 이런 사례라 할 수 있다.

불행히도 인간의 진화 프로그램에 여러 개의 시간대를 단기간에 훌쩍 뛰어넘는 상황은 없었기에, 우리는 결국 시차증후군의 피해를 고스란히 입는다. 비행기를 자주 타는 사람이나 교대근무를 하는 이들은 그렇지 않은 사람에 비해 실제로 심장질환이나 비만, 당뇨 등에 걸릴 확률이 높다. 암세포도 더 빨리 자란다.

특별한 조치 없이 시차증후군을 극복하는 데 하나의 시간대당 어림잡아 하루가 걸린다고 한다. 서쪽으로 이동할 때 그렇다는 뜻이다. 반대로 동쪽으로 이동할 때에는 거기에 30퍼센트를 더 추가해야 한다.

왜 그런지 이유를 알려주겠다. 동쪽으로 이동하며 9개의 시간대를 뛰어넘을 경우, 우리 내면의 시계는 9개의 시간대를 '앞당기는' 대신 15개의 시간대를 거꾸로 '되돌리려' 하는 습성을 지니고 있다. 우리 뇌가 시간을 앞당기기보다는 거꾸로 되돌리는 데에 더 익숙하기 때문이다.

우리 내면에는 생체시계를 관장하는 세포가 약 2만 개 있다. 수학자들은 시뮬레이션 실험을 통해 해당 세포들의 활동주기 모형을 작성하고, 내면과 외부의 시계가 일치되는 과정을 방정식으로 정리했다. 학자들은 또 해당 뇌세포들이 빛을 이용해 신체 내부와 외부의 시계를 일치시킨다는 사실도 밝혔다.

빛은 내면의 시계를 평소의 생활 리듬에 적응시키는 '초기화 버튼'이다. 우리는 내면의 시계에 액셀러레이터를 밟을 수도 있고 브레이크를 걸 수도 있으며 앞당길 수도 있고 되돌릴 수도 있다. 어느 방향으로 움직일지는 빛이 어느 시점에 우리 눈을 통과해 우리 뇌에 도달하느냐에 달려 있다.

빛을 이용해 시차증후군을 극복하기 위해서는 우선 충분히 밝은 빛이 필요하고, 다음으로 올바른 타이밍이 중요하다. 올바른 타이밍이란 체온이 가장 낮게 떨어질 때를 뜻하는데, 대개 내면의 시계가 오전 3~5시일 때 우리 몸의 온도가 최저점에 도달한다고 한다. 이때, 새벽 3시 이전의 6시간 동안 충분히 밝은 빛이 우리 뇌에 전달될 경우 내면의 시계에는 브레이크가 걸린다. 반대로 새벽 5시 이후 6시간 동안 뇌에 빛이 전달될 때는 액셀러레이터를 밟는 효과가 나타난다. 이렇게 뇌를 살짝 속이면서 뇌가 알고 있는 시각이 아닌 다른 시각을 뇌에 주입하면 시차증후군을 빨리 극복할 수 있다.

저녁 시간의 카페인 섭취

카페인은 자극성을 지닌 성분으로, 몸이 실제 시간보다 1시간 정도를 더 이르게 착각하게 만드는 효과를 발휘한다. 잠이 들어야 할 시간인데 신체기능에 다시 불을 붙이는 셈이다. 비행기를 타고 서쪽으로 이동하는 경우에는 카페인이 도움이 되므로 기내에서 커피를 마시는 게 시차증후군 극복에 도움이 된다. 하지만 동쪽으로 이동하는 여행객이 커피를 마시면 시차로 인한 피로감만 강해질 뿐이다.

시차로 인한 피로감을 체험하고 싶은데 비행기를 탈 일이 없는 경우에도 방법은 있다. 주말에 밤늦게까지 마구 쏘다니면 된다. 늦어도 월요일 아침 이른 시각에 알람이 울릴 때쯤에는 온몸으로 시차증을 겪을 것이다! 몇몇 연구 결과에 따르면 상당수의 청소년이 월요일 아침에 이른바 '사회적 시차증후군social jet lag'에 시달리며 등교한다고 한다. 사회적 시차증후군이 사라지기까지는 대개 3~5일이 걸린다. 최악의 경우,

금요일에 비로소 시차를 극복하는 것이다. 그러고 나면 다시 주말이다. 그렇게 매주 똑같은 쳇바퀴가 굴러간다!

서머타임과 왕좌의 주인

매년 여름 서머타임제를 시행할 때면 모두가 일종의 '미니 시차증후군'을 체험한다. 서머타임제가 끝나는 시점에도 마찬가지의 피로감을 느낀다. 그게 다가 아니다. 서머타임제가 왕좌의 주인을 뒤바꾸어놓을 수도 있다! 어느 해, 서머타임제가 끝나고 겨울로 접어들던 어느 날에 쌍둥이 형제가 태어났다. 첫째는 새벽 2시 50분에 태어났고, 둘째는 그로부터 15분 뒤에 세상 밖으로 나왔다. 하지만 둘째가 태어난 시각은 3시 5분이 아니라 2시 5분이었다. 밸푸어 경Lord Balfour은 왕조의 후계자 순위가 바뀌었다고 말했다. 이 사건은 19세기 영국에서 서머타임제 도입에 반대하는 근거가 되기도 했다.

시차증후군 극복을 위한 또 다른 팁들을 몇 가지 소개할까 한다. 서쪽으로 이동한 경우에는 당장 그날부터 현지시간에 적응하려 노력하는 것이 좋다. 도착한 날에는 저녁까지 햇빛을 많이 보고 현지시각으로 밤에 잠들 때까지 어떻게든 버텨야 다음날, 그 다음날이 편하다. 비행기에서도 잠을 자지 말아야 한다. 단백질을 많이 섭취하면 아마 버티기가 좀 더 쉬워질 것이다.

반대로 동쪽으로 이동할 때에는 비행기 안에서 잠을 좀 자두는 편이 좋다. 탄수화물이 풍부한 식단도 도움이 된다. 도착한 뒤에는 현지시각으로 정오가 되기 전까지는 되도록 햇빛을 보지 말고, 선글라스를 쓰자. 비행기 안에서 아침식사가 나올 때까지 선글라스를 착용하는 것도 도움을 준다. 현지시각 정오 이후부터는 6시간 동안 최대한 많은 햇빛에 신체를 노출해야 한다.

마지막으로 정말 중요한 포인트 한 가지! 시차증후군은 도착한 뒤부터 극복하는 것이 아니다. 비행기를 타기 사흘 전부터 준비해야 한다! 서쪽으로 가야 하는 경우라면 매일 평소보다 1시간씩 일찍 잠드는 훈련을 하고, 동쪽으로 여행해야 한다면 1시간씩 늦게 잠드는 훈련을 하는 것이 좋다. 이렇게 할 경우, 목적지에 도착한 다음의 시차증후군을 다만 몇 시간이나마 줄일 수 있다.

손목시계의 시각은 비행기 안에서 미리 현지시각에 맞춰놓자. 단, 일정이 사나흘 정도로 짧은 경우라면 출발지의 생활 리듬을 최대한 유지하는 것이 좋다. 그게 이중 시차증후군에 시달리지 않는 지름길이다.

15

세금신고서 작성 시 기억해야 할 것들

금융 전문가 마크 니그리니는 벤포드의 법칙과
세금계산서 사이의 연결고리를 최초로 발견했다.
이 법칙은 우연 속에도 패턴이 있다는 것을 보여준다.

토벤은 숫자에 관한 한 둘째가라면 서러운 꾀돌이다. 어느 날 토벤은 동생에게 10유로 내기를 제안한다. 게임 방식은 다음과 같다. 우선 동생이 아무 잡지를 고른 뒤 무작위로 펼쳐서 맨 처음으로 등장하는 수의 첫번째 숫자가 4, 5, 6, 7, 8, 9로 시작하면 동생이 이긴다. 1, 2, 3으로 시작할 때에는 형이 이긴다.

동생은 형의 제안을 흔쾌히 받아들인다. 자기가 이길 확률이 형보다 2배나 높다고 생각했기 때문이다. 하지만 게임을 진행할수록 동생의 낯

빛은 어두워졌다. 잡지를 100번 펼쳤는데 자기가 절반도 이기지 못했기 때문이다. 동생은 어리둥절해진다. 세상이 어떻게 돌아가는 거지? 운명의 신이 나보다 형을 더 총애하는 걸까?

결코 그렇지 않다! 그럼 뭘까?

토벤은 어떤 수치의 첫번째 숫자가 1일 확률, 2일 확률, 9일 확률 등이 각기 다르다는 사실을 알았다. 무작위로 고른 100개 중 1로 시작하는 수는 무려 30개(!)고, 2는 18개, 3은 13개, 4는 10개이다. 숫자가 올라갈수록 확률은 낮아진다. 첫 자리가 9인 수의 개수는 5개다.

거짓말이 아니다. 내가 아는 바를 있는 그대로 말한 것이다. 왜 그런지는 나도 모르겠지만, 분명 우리 주변에 널려 있는 수많은 수 중 낮은 숫자로 시작하는 수가 높은 숫자로 시작하는 수보다 훨씬 더 많다. 이 알쏭달쏭한 숫자의 세계에는 '벤포드의 법칙Benford's law'이라는 이름이 붙어 있다.

공학자이자 물리학자인 프랭크 벤포드Frank Benford는 100년 전쯤 이 불공평한 세계를 발견했다. 거기에 마음을 완전히 빼앗긴 채 강의 길이, 호수의 면적, 유명인들의 집 주소, 자연에서 관찰한 각종 보편적 상수들 등 수천 개의 데이터 세트를 수집 및 분석했고, 첫 자리 숫자의 분포가 고르지 않을 때가 매우 많다는 사실을 확인했다.

아직도 내 말이 믿기지 않는 독자가 있다면 직접 실험해보기 바란다. 네 자릿수 하나를 무작위로 골라보자. 예컨대 나는 4837을 고르겠다. 그 앞에 1부터 9까지 숫자를 붙여서 다섯 자릿수를 만들자. 14837, 24837…… 이렇게 94387까지 간다. 그다음 검색창에 9개의 수를 차례로 입력해보시라. 약간의 차이는 있을 수도 있지만, 벤포드의 법칙을 확인할 수 있을 것이다. 즉 첫 자리 숫자가 1인 수가 제일 많고 뒤로 갈수록 출현빈도가 줄어들 것이다. 신기하지 않은가? 어쩌면 조물주 밑에서 일하는 공정분배감독관이 숫자에 신경 쓸 겨를이 없었던 게 아닐까?

사실 그 뒤에 숨은 비밀은 생각보다 훨씬 간단하다. 1이 2로 가는 과정은 길이, 무게, 수량 등 숫자로 측정하는 모든 단위에 있어 가장 큰 수고를 필요로 한다. 1이 2배가 되어야 비로소 2가 되기 때문이다.

내가 산 주식의 1주당 가격이 100유로라고 가정해보자. 이때 주가의 첫 자리는 1이다. 1이라는 첫 자리에서 벗어나려면 주가가 2배로, 즉 100퍼센트 올라야 한다. 그러고 나면 비로소 200유로 대代로 진입한다. 그런데 300유로 대로 가기까지는 100퍼센트가 아니라 그 절반, 즉 50퍼센트만 주가가 뛰어도 된다. 900유로에 도달한 뒤에는 11퍼센트만 상승해도 1000유로 대로 올라선다. 첫 자리가 다시 1로 바뀐다. 결론적으로 상승과 하락을 반복하는 주가도 첫 자리가 다른 숫자로 바뀌기까지 시간 차이가 있다.

성서 속 수치도 벤포드의 법칙을 따른다

성서에 등장하는 각종 수를 자세히 들여다보면 벤포드의 법칙을 적용한 사실을 알 수 있다. 성경이 벤포드보다 무려 2000년을 앞서간 것이다. 그런데 지금은 모두가 원주율π이 3.14……라고 알고 있지만, 열왕기상 7장 23절 이하를 보면

π를 3으로 계산한 사실을 알 수 있다. 앗, 그러면 성경이 바빌로니아인들보다는 뒤처진다는 뜻인데? 바빌로니아인들은 지금 우리가 알고 있는 원주율에 훨씬 더 가까운 22/7이라는 분수로 원주율을 설명했으니까!

벤포드의 법칙이 실생활에도 도움이 될까? 당연히 그렇다!

이를테면 어떤 데이터의 조작 여부를 간파할 수 있다. 실제로 많은 데이터분석가가 벤포드 법칙의 정확도를 확신하고 있다. 벤포드의 법칙에 들어맞지 않는 수치들은 허위이거나 조작되었을 공산이 크다는 말이다. 미국과 유럽의 각종 세무조사 당국도 국민들의 세금신고서를 벤포드의 법칙으로 검토한다. 그중 벤포드의 법칙에 어긋나는 세금신고서를 보다 면밀하게 조사한다.

남아프리카공화국 출신의 금융 및 회계 전문가 마크 니그리니Mark Nigrini는 벤포드의 법칙과 세무회계 감사 사이의 연결고리를 최초로 발견한 학자이다. 니그리니는 세금계산서가 벤포드의 법칙에 부합하는지를 판단하는 소프트웨어를 개발했다. 그가 개발한 소프트웨어는 회계 분야의 부정행위를 감시하는 일종의 거짓말탐지기였다. 자백한 탈세자의 세금신고서를 바탕으로 해당 소프트웨어의 신뢰도를 검증했다. 당시 모든 탈세자의 세금신고서에 니그리니가 개발한 소프트웨어는 경고음을 발동했다.

소프트웨어가 경보음을 울린다고 해서 해당 납세자가 반드시 탈세나 탈루를 꾀했다고 볼 수는 없다. 경보음이 100퍼센트 확실한 증거는 아니기 때문이다. 하지만 의심을 해볼 계기를 충분히 제공한다. 벤포드의 법칙을 따라야 할 데이터 세트가 벤포드의 법칙을 외면한다면 모종의 이유가 있을 확률이 높기 때문이다.

한 가지 예를 들어보자. 미국 은행들은 연방국세청IRS에 그간 고객들에게 얼마만큼의 이자를 지급했는지를 신고한다. 해당 수치는 벤포드의 법칙과 일치한다. 만약 고객들이 신고한 수령이자 액수가 벤포드의 법칙을 위배한다면? 그건 중간에 뭔가가 '새나갔다'는 뜻이다! 몇몇 개발도상국들이 자국의 경제지표들을 유리한 방향으로 체계적으로 조작한다는 정황도 최근 포착된 바 있는데, 당시에도 벤포드의 법칙이 중대한 단서로 작용했다.

2000년 미국 대선 당시 조지 W. 부시George W. Bush 후보의 득표 결과도 벤포드의 법칙과 일치하지 않았다. 부정이 개입하지 않은 투표 결과가 대개 벤포드의 법칙을 따르는 것과 비교할 때, 충분히 의심이 가는 상황이었다. 최근 허위 정보를 유포하는 가짜 뉴스fake news가 득세하고 있는데, 그 당시에 가짜 투표, 즉 부정선거가 유행이었던 것은 아닐까.

벤포드의 법칙과 로또 당첨번호

아쉽지만 로또 당첨번호에는 벤포드의 법칙을 적용할 수 없다. 엄밀히 따지자면 로또 번호들은 숫자가 아니기 때문이다.

추첨기에서 무작위로 튀어나오는 추첨 볼에 굳이 숫자를 새겨둘 필요는 없다. 숫자 대신 '개', '고양이', '비버' 같은 동물 이름들을 새겨도 결과는 동일하다.

신문 지면에도 여러 가지 숫자들이 무작위로 등장한다. 벤포드의 법칙을 따르지 않는 숫자들, 이를테면 자동차 등록번호나 로또 당첨번호, 신체 치수 등을 커다란 도표에 입력한 뒤 자세히 살펴보시라. 그 숫자 모음 속에서도 분명 벤포드의 법칙을 발견할 수 있다. 거기에서도 분명 1이 첫 자리를 차지하는 빈도가 가장 높을 것이다.

벤포드의 법칙을 활용하면 미래를 예측하는 수치의 개연성도 판단할 수 있다. 인구수를 예로 들어보자. 총인구수는 사망자와 신생아의 수에 따라 달라지는데, 그 수치 역시 벤포드의 법칙으로 검증할 수 있다. 통계학자들이 제시하는 인구수 추이가 벤포드의 법칙을 따르지 않는다면 해당 예측모델의 개연성을 의심해볼 만하다. 벤포드 법칙을 심하게 위배하는 통계는 즉시 쓰레기통에 버리는 게 이익이다. 해당 모델을 신뢰할 경우, 더 큰 규모의 '쓰레기 데이터'만 누적되기 때문이다.

숫자의 불균등한 분포는 비단 첫 자릿수에만 국한되지 않는다. 둘째 자리, 셋째 자리 등에도 원칙상으로 적용이 가능하다. 하지만 거기에서는 벤포드의 법칙이 그다지 선명하게 드러나지 않는다. 뒤집어 말하자면, 둘째 자리, 셋째 자리 등에서는 데이터를 조작하기가 더더욱 힘들다는 뜻이다. 숫자를 조작하는 이들 중에는 솜씨가 뛰어난 전문가도 많다. 그 전문가들은 숫자가 지닌 오만 가지 특성을 공략한다. 언제, 누가, 몇번째 자리 숫자를, 어떻게 조작할지 알 수 없는 일이다. 따라서 '데이터 마사지사'들이 첫 자리 숫자만 건드릴 것이라는 편견은 버려야 한다.

데이터 조작에 어느 정도 자신이 있다 하더라도 숫자가 지니는 고유한 특성을 완전히 무시하면 안 된다. 자기가 원하는 숫자에 너무 가까이 다가갈 경우, 의심을 살 소지가 크기 때문이다. 무작위 선택과 분포 속에도 일정한 법칙이 있다. 그 부분을 무시했다가는 큰코다칠 수 있다. 우연이 모든 죄를 사해줄 것이라 섣불리 기대하지 마시라. 우연이 직접 회초리를 들 수도 있다! 우연이라 해서 아무런 법칙도 따르지 않는 것은 아니다. 우연도 자기만의 특징과 패턴을 지니고 있다. 심지어 '우연의 법칙'이라는 말도 있지 않은가. 그 많은 법칙 때문에 수치 조작 행위 대부분은 각종 검색기와 전문가들에게 발각된다.

조작한 수치를 진짜처럼 보이게 만드는 행위는 예술의 영역에 속한다. 세금을 허위로 신고하고 들키지 않기까지는 그야말로 피나는 노력을 동반해야만 한다. 그렇게 하더라도 숫자 전문가들에게 안 들키고 넘어갈 확률은 극히 미미하다.

인간의 수치 조작 능력은 그다지 뛰어나지 않다. 자신이 조작한 수치들이 우연의 법칙에 따른 것처럼, 다시 말해 진짜처럼 보이게 만드는 능력도 시원찮다. '우연히' 나온 숫자와 '자신이 임의로 고른' 숫자 사이에는 커다란 간격이 존재한다. 순전히 우연에 의해서만 나타난 수치들은 몇몇 특성들을 지니고 있어야 하고, 몇몇 특징은 보이지 않아야만 하는데, 그러기가 어디 쉽겠는가!

이 주제와 관련해 학생들에게 강의한 적이 있다. 당시 나는 학생들에게 이런 숙제를 내주었다. 어머니 성씨의 첫 글자가 A부터 M 사이에 있다면 동전을 200번 던진 뒤 앞면이 나올 때마다 1을, 뒷면이 나올 때마다 0을 기재하라고 했다. 어머니의 성씨 첫 글자가 N~Z 사이에 있는 경우에는 실제로 동전을 던지는 대신 동전을 200회 던지는 상상을 하면서 1이나 0을 기재해보라고 했다. 다음 강의 시간에 학생들이 각자의 결과를 제출했고, 그 결과를 잠시 살펴보는 것만으로도 해당 학생 어머니 이름의 첫 글자가 어느 그룹에 속하는지를 거의 정확하게 알아맞힐 수 있었다.

내가 주목한 부분은 단 한 가지였다. 0이나 1이 6번 연달아 나오는 경우가 있느냐 없느냐 하는 것이었다. 동전을 실제로 200번 던지면 최소 한 번은 6번 연달아 앞면 또는 뒷면이 나올 확률이 무려 95퍼센트에 이른다. 하지만 동전 던지는 상황을 머릿속으로 상상만 한 그룹은 대개 6번이나 연달아 같은 숫자를 적어 넣으면 안 될 것 같다는 불안감을 가지게 마련이다.

결론: 세금신고서 조작은 웬만하면 꿈도 꾸지 않는 편이 안전하다. 굳이 포기하지 못하겠다면 예를 들어 실제 소득이 1만 7653유로인데 9956유로로 낮춰서 신고하는 일은 절대 피해야 한다. 첫 자리 숫자가 지니는 특징을 깡그리 무시하고 완전히 다른 수치를 적어 넣은 것이기 때문이다. 차라리 끝자리를 과감히 지우고 1765유로라고 기재하는 편

이 더 낫다. 행여 들키더라도 깜빡하고 마지막 자리를 미처 못 적어 넣었다고 변명이라도 할 수 있다. 만에 하나 실제 이 방법을 쓰다가 들키더라도 내 핑계는 대지 마시기 바란다.

이제 슬슬 세금신고서나 작성해볼까?

16

나보다 인기 있는 친구를 질투하지 않아도 되는 이유

사회학자 스콧 펠드는 사회관계망이 지니는
수학적 특징을 정리하여 '우정의 역설'이라고 이름 붙였다.
이에 따르면 내 친구들은 대체로 나보다 친구가 많다.

안토니오는 페이스북 친구가 245명 있다. 그는 그 페이스북 친구들(이하 페친—옮긴이) 중 80퍼센트가 자기보다 친구 수가 더 많다는 사실을 알게 된 뒤로 기분이 편치 않다. 친구들의 페친 수를 모두 합해 나누니 평균 359명이었다. 사실 안토니오야말로 진정한 평균이다. 페이스북 가입자 모두의 평균 친구 수가 그만큼이기 때문이다.

어떻게 내가 속한 그룹의 평균이 나보다 항상 높은지는 잘 모르겠지만, 실제로 그렇다고 한다. 페친 수뿐 아니라 실제 친구 수에도 그 법칙이 성립한다. 내 친구들은 대체로 나보다 친구가 많다!

사회학자 스콧 펠드Scott Feld는 이 사실을 1991년 밝혔다. 펠드는 자신의 연구 결과에 '우정의 역설friendship paradox'이라는 제목을 붙였다. 이 이론은 사회학과는 큰 관련이 없다. 사회관계망이 지니는 수학적 특징만을 정리한 것이라 봐야 마땅하다.

우리는 네트워크 안에서 살아간다. 여러 사람과 관계를 맺는 중심에는 물론 내가 있다. 그 주변에 나의 직접적 친구와 친구의 친구 등이 포진해 있다. 친구의 친구의 친구도 내 네트워크에 포함할 수 있다. 그렇게 우리의 사회관계망은 문어발식으로 확장되며 반경이 점점 더 커진다. 어쩌면 일곱 다리만 건너면 이 책을 읽는 당신과 이 책을 쓰고 있는 나도 친구일지도 모른다.

팔로워 수와 민주주의

마카크원숭이macaque의 세계에서는 친구가 가장 많은 원숭이가 우두머리이다. 마카크원숭이 무리는 무리 중 한 마리의 제안이 있을 때만 이동한다. 예를 들어 한 마리가 자리에서 일어나 먼저 몇 미터를 전진한 뒤 나머지 마카크원숭이들이 어떻게 하는지 지켜본다. 이때 다른 원숭이가 일어나 첫번째 마카크원숭이와는 다른 방향으로 몇 걸음 움직일 수도 있다. 첫번째 제안과는 다른 대안을 제시하는 것이다. 곧이어 나머지 마카크원숭이들이 일어나 옳다고 판단하는 방향에 줄을 선다. 그러고 나면 더 많은 '팔로워'를 지닌 마카크원숭이가 우두머리가 된다. 일종의 '마카크원숭이식 민주주의'라 할 수 있겠다.

왜 평균적으로 내 친구들은 나보다 더 친구가 많을까? 그 이유는 결과를 조금만 뒤집어보면 금세 알 수 있다. 친구가 거의 없는 이들보다는 친구가 많은 이들이 나와도 친분관계를 가질 확률이 아무래도 더 높기 때문이다.

일리 있는 말 같은데, 그렇지 않은가?

좀 더 극단적인 예를 들어보겠다. 예컨대 특정 사회관계망에 속해 있으면서 친구가 한 명도 없는 사람이 나와 친구관계일 확률은 0이다. 반대로 모든 회원과 친구관계를 맺고 있는 사람이 나와도 친구관계일 확률은 100퍼센트이다. 그 네트워크 속에서 친구 수가 많은 사람일수록 나와도 친구관계일 확률이 높아지는 것이다. 소셜네트워크서비스, 즉 SNS가 지니는 이런 특징 때문에 많은 이들이 상처를 받는다.

증상이 얼마나 심각하냐고? 중증도 그런 중증이 없다!

인간에게는 친구들과 자신을 비교하는 습성이 있다. 직업, 수입, 배우자 등 여러 가지 면에서 우리는 나와 친구들을 비교한다. 인기도나 친구 수도 비교 대상에 속한다. 심지어 내 친구의 친구 수가 나보다 더 많은 것이 우울증으로 이어질 수 있다는 연구 결과도 있다. 하지만 친구 수가 적은 게 걱정이라는 이들이 유념해야 할 사실이 있다. 자신이 실제로 인기 없는 사람이 아니라 SNS가 지닌 수학적 특성들이 그렇게 느껴지게 만든다는 사실이다. 어떤가, 이제 위로가 좀 되는가?

그것만으로는 부족하다면 시선을 완전히 뒤집어보는 건 어떨까? 나를 좋아하는 사람들의 수가 아니라 나를 싫어하는 사람의 수를 기준으로 삼는다면?

내 원수, 내가 싫어하고 나를 싫어하는 이들은 평균적으로 나보다 더 많은 원수를 지니고 있다! '친구의 역설'만 있는 게 아니라 '원수의 역설'도 존재한다. 이제 기분이 확실히 나아졌는가?

가짜 친구

2012년 어느 날, 페이스북의 주가가 폭락했다. 어느 심리학자가 TV에 나와 페이스북 친구는 진짜 친구가 아니라고 말한 뒤에 일어난 일이었다.

똑똑히 알아두자. SNS 속으로 들어가는 순간 우리의 시선은 왜곡된다! 모두가 주관적 시각에서 SNS를 관찰할 수밖에 없기 때문이다. 하늘을 나는 새처럼 위에서 전체를 내려다볼 수는 없다. 조감도가 아닌 평면도에는 늘 왜곡의 위험이 있다.

이건 살다 보면 깨닫는 지혜이다. 왜곡 대상이 비단 친구나 원수만은 아니다. 그 외의 모든 것에도 왜곡은 일어난다. 예를 들어 우리가 어떤 사실을 인지하는 순간 그 사실은 왜곡된다. 사실 자체가 뒤틀리거나 기울어지는 것은 아니다. 왜곡은 관찰자의 발 앞에 놓인 덫이고, 그 덫은 곳곳에 있다.

버스를 기다리는 상황을 예로 들어보자. 집 가까이에 버스 정류장이 있다. 우리는 타려는 버스가 대략 10분에 한 대꼴로 다닌다는 걸 안다. 그렇다면 버스 정류장에서 기다려야 하는 시간을 그 중간인 5분 정도로 잡으면 될까?

뭐라고? '절대 그렇지 않다'고?

그렇다, 그 말이 옳다. 우리는 이미 왜곡의 희생양이다. 버스들의 운행 간격은 시간대별로 다르다. 그 간격이 10분보다 짧을 때도 있고 길 때도 있다. 운행 간격이 길수록 우리가 아까 떠난 버스와 이제 올 버스 사이의 시간대에 정류장에 도착할 확률은 높아진다. 도착하자마자 버스에 올라탈 확률보다 정류장에서 얼마간을 기다려야 비로소 버스를 탈 확률이 높아지는 것이다. 운행 간격이 길수록 기다리는 시간도 대개 길어진다. 기다리는 입장에서 볼 때 내 대기시간은 항상 길게 느껴진다. 왜 나는 '버스 운'이 이다지도 따르지 않을까…….

한 가지 사례를 더 들어보겠다. 담임 선생님이 자기 반 아이들에게 자신을 포함해 형제자매가 몇 명인지 물어본다. 자기 반 아이들의 가족당 평균 자녀 수가 국가 전체에도 적용된다고 생각한다. 하지만 담임 선생님도 이미 관찰자의 덫에 걸려들었다. 그 반 아이들의 형제자매 수가 특별히 많은 편일 수도 있는데, 그 부분을 고려하지 않았기 때문이다. 나아가 자녀가 없는 가족은 계산에 아예 포함하지도 않았다. 담임 선생님이 계산한 평균 자녀 수가 실제보다 높을 수 있다.

또 사례를 들어보겠다. 티나는 구청 교육센터 강좌를 듣고 싶다. 강좌안내 전단을 보니 수강생의 수가 평균 50명이라 한다. 실제로 그 수업을 듣는 수강생들은 대부분 말도 안 된다며 고개를 가로젓는다. 한 반에 그보다 훨씬 더 많은 이들이 함께 수업을 듣는다는 것이다.

놀라운 것은, 전단도 옳고 수강생들의 말도 옳다는 것이다. 예를 들어 해당 교육센터에 강좌가 딱 2개 개설되었다고 치자. 그중 한 강좌는 수강생이 90명이고, 다른 강좌는 10명이다. 평균 수강생의 수는 50이다. 학교 입장에서 보면 그렇다. 하지만 수강생 중 90명은 자기 반의 수강생이 90명이라 할 것이고, 10명은 자기 반의 수강생이 10명이라 답할 것이다. 100개의 수치를 합해 평균을 내면 82명이다(① 90명×90명=8100명. ② 10명×10명=100명. ①+②=8200명. 8200명÷100명=82명). 50명보다 훨씬 많은 수치이다.

기대수명에도 왜곡이 포함되어 있다. 독일 여성의 평균수명은 82.2세이다. 80세 여성이 그보다 더 오래 살 확률은 매우 높다. 통계에 따르면, 80세에 도달한 여성들은 평균 9.3년을 더 산다. 이미 80세인 여성이 80세 이전에 사망할 확률은 0이고, 해당 여성의 평균수명은 80세가 아니라 그보다 높아지는 것이다. 이때 80세 여성들의 평균수명은 기대수명이 이미 80세에 도달했다는 사실에 의해 왜곡되었다.

관찰자의 함정은 곳곳에 도사리고 있다. 친구의 역설, 대기시간의 역설, 기대수명의 역설 등 다양한 역설들이 존재한다. 그중 최고봉은 아마도 '역설의 역설'일 것이다. 우리가 역설이라 부르는 대부분은 실제로 역설이 아니라 수학 비전문가들의 눈에는 신기하게만 보이는 수학적 진실이다!

한편, 친구의 역설은 다재다능한 재주꾼이다. 예를 들어 유행성 독감 예측에도 도움을 준다. 이 기발한 예측 방법은 의학자인 니컬러스 크리스태키스Nicholas Christakis와 제임스 파울러James Fowler가 발견한 것으로, 친구가 많은 이들이 그렇지 않은 이들보다 독감에 걸릴 확률이 높고, 유행성 독감에 가장 먼저 걸릴 확률도 높다는 사실에 착안했다.

크리스태키스와 파울러는 연구를 위해 친구가 많은 이를 물색했다. 수많은 이에게 사실관계를 묻고 조사대상을 선정하기에는 시간이 너무 오래 걸렸다. 그래서 생각한 것이 친구의 역설이다. 친구의 역설을 활용하면 단기간에 친구가 많은 이를 확보할 수 있기 때문이다.

두 사람은 먼저 무작위로 표본그룹을 설정한 뒤 피실험자들에게 친구 3명의 이름을 대보라고 했다. 그다음 친구가 많은 그룹(실험군)과 그렇지 않은 그룹(대조군)을 구분해서 관찰했다. 그 결과, 실험군이 대조군보다 평균 2주 정도 빨리 독감에 걸린다는 사실을 알아냈고, 이를 활용하면 유행성 독감 발발을 예측하는 일종의 '조기 경보체계'를 구축할 수 있겠다고 생각했다. 여기에서 말하는 '조기'란 독감 발발 2주 전을 뜻하는데, 관리 당국 입장에서 보면 매우 유용한 정보이다. 예컨대 독감 치료제를 평소보다 더 많이 제조하여 각 의료기관에 보급하는 등의 조치를 미리 취할 수 있기 때문이다.

지금까지 의료 당국은 구글 인기검색어 목록에 의존해 유행성 독감 발발 여부를 확인해왔다. 수천만 개의 검색어 중 독감과 관련한 단어나 문구가 인기검색어나 실시간 급상승 검색어에 있는지를 참고한 것이다. 이 방법으로는 독감이 이미 발발했다는 사실만 확인할 수 있을 뿐, 조기 경보체계를 구축할 수 없다.

유행성 질환에 별로 관심이 없다면 친구의 역설을 이용해 사는 재미를 좀 더 찾아낼 수 있다. 지금 한창 뜨고 있는 장소는 어디일까? 신나고 재미있는 곳, 맛과 멋이 공존하는 곳이 분명 있을 텐데? 잘나가는 친구들은 자기들끼리만 그곳에 모여 즐기다가 우리처럼 어수룩한 이들이 몰려들 때쯤이면 뒤돌아보지 않고 떠난다던데?

그런 장소를 찾고 싶다면 우선 눈과 귀를 과감히 버려야 한다. 내가 듣고 본 것을 그대로 믿기보다는 친구들의 옆구리를 찔러 정보를 입수하는 방법이 더 효과적이다. 옆구리를 찔린 친구들은 아마 자기 친구들의 옆구리를 찌를 것이고, 그렇게 알아낸 정보를 내게 알려줄 것이다. 맨 처음에도 말했지만, 내 친구들은 나보다 늘 친구가 더 많다. 그 친구들은 최신 트렌드를 내게 알려줄 전령사 노릇도 톡톡히 해낼 것이다.

인기 많은 친구 얘기는 이쯤에서 접겠다. 지금까지 내가 늘어놓은 이야기들이 지루한 장광설은 아니었기 바란다. 나도 더 많은 친구가 있었으면 좋겠다. 적어도 있는 친구마저 잃어버리고 싶지는 않다.

17

모두에게 공평한 순번 정하기

경제학자 이그나시오 팔라시오스-후에르타는
수천 건에 달하는 승부차기 결과를 분석했고,
선축 팀이 이길 확률이 60퍼센트라는 사실을 발견했다.

도로타는 쌍둥이 형제를 둔 엄마이다. 형과 동생은 당연히 생김새와 머리 모양이 비슷하고, 옷도 똑같이 입는다. 쌍둥이 형제는 엄마가 나보다 형에게, 혹은 동생에게 더 잘해준다는 느낌이 들면 질투한다.

어느 날 엄마가 아이들에게 줄 머핀 8개를 만들었다. 머핀마다 장식이 조금씩 달랐다. 엄마가 쌍둥이 형제에서 알아서 잘 나눠 먹으라고 말한다. 그 즉시 분란이 시작된다. "그러지 말고 한 명씩 번갈아 고르는 건 어떨까?" 엄마가 제안한다. 쌍둥이는 서로 먼저 고르겠다며 난리

법석을 떤다. 엄마는 동전을 던져서 누가 먼저 고를 것인지 결정하라고 했다. 그다음 차례대로 한 번씩 번갈아 머핀을 고르게 했다. 그러자 형제가 조용해졌다. 적어도 아직은 조용하다.

동전 던지기와 번갈아 고르기를 결합한 그 선택 방식만큼 공평한 방식은 없다. 영겁의 시간 동안 인류는 행운과 순번제를 조합하며 공정성을 추구해왔다.

축구의 승부차기가 좋은 사례이다. 심판이 던진 동전의 앞면이 위로 가는지 뒷면이 위로 가는지를 알아맞힌 팀이 선축 여부를 결정한다. 그다음 한 명씩 차례로 팀을 번갈아 공을 찬다. 기본적으로는 각 팀당 5명이 공을 찬다. 승부가 가려지지 않으면 각 팀에서 차례로 한 명씩 나와 공을 차서 승부를 가리는 '서든데스sudden death' 방식을 진행한다. 한 팀이 골을 넣었는데 다른 팀이 골을 넣지 못하면 그 즉시 게임이 끝난다. 이러한 승부차기 방식의 공정성 논란은 오랫동안 전무했다.

그런데 '11미터의 미학'만 집중적으로 파고든 학자가 있었다. 이그나시오 팔라시오스-후에르타Ignacio Palacios-Huerta라는 경제학자였다. 팔라시오스-후에르타는 수천 건에 달하는 승부차기 결과를 분석했고, 선축 팀이 이길 확률이 60퍼센트라는 사실을 발견했다. 뭔가 불공평하게 느껴졌다! 기량이 비슷한 팀들끼리 싸웠을 때 결과가 한쪽으로 기우는 스포츠는 거의 없다.

왜 유독 승부차기에서는 그런 결과가 나왔을까? 원인은 간단하다. 오랫동안의 결과를 평균했을 때, 승부차기에 나선 선수가 골을 넣을 확률은 75퍼센트라고 한다. 후축 팀의 선수들이 지고 있는 스코어에서 골을 넣어 동점을 만들어야 할 확률이 75퍼센트라는 뜻이다. 따라잡아야 하는 입장이다 보니 심리적 압박감이 클 수밖에 없다. 실제로 후축 팀 키커kicker가 선축 팀 키커보다 승부차기 성공률이 4퍼센트가량 낮다고 한다. 정신적 부담이 4퍼센트의 차이를 유발하는 것이다. 총 5명이 공을 찬다고 가정할 경우, 후축 팀의 성공률은 20퍼센트나 뒤처진다.

승부차기를 위한 동전 던지기에서 이긴 팀은 무조건 자기가 먼저 차겠다고 말해야 한다. 일단 먼저 차야 승리 확률이 높아지기 때문이다. 현역 선수들을 대상으로 한 설문조사에서도 응답자의 95퍼센트가 자신에게 선택권이 있다면 선축을 하겠다고 답했다. 그 이유를 묻자 모두 한결같이 상대 팀을 심리적으로 압박하기 위해서라고 했다. 그것이 곧 축구 승부차기의 심리학이다.

동전 던지기에서 이겨 놓고 후축을 선택한 경우는 극소수다. 2006 월드컵 결승전에서 이탈리아와 프랑스는 연장전이 끝난 뒤에도 1:1로 승패를 가리지 못했다. 아르헨티나 출신의 주심 호라시오 엘리존도Horacio Elizondo가 동전을 던졌고, 이탈리아 팀의 주장 잔루이지 부폰Gianluigi Buffon이 동전 던지기의 승자가 되었다. 이후 부폰의 고뇌에 빠진 모습이 티브이 화면으로 생생히 중계되었다. 부폰은 머리를 감싸 쥐더니 결국 "내가 먼저 시작하겠다"라고 말했다. 그런데 부폰의 포지션은 골키퍼였다! 부폰이 먼저 시작하겠다는 말은 곧 프랑스더러 먼저 차라는 뜻이었다. 프랑스 팀은 선축권을 지닌 것만으로 이미 이탈리아보다 20퍼센트 높은 승리 확률을 보장받았다. 반대로 한순간의 '그른' 판단 때문에 이탈리아 팀이 승리로 가는 길에는 먹구름이 드리워졌다. 적어도 그 순간에는 그렇게 보였다. 하지만 이탈리아 팀은 통계 수치를 비웃기라도 하듯 결과적으로 5:3으로 승리를 거머쥐었다.

도로타의 쌍둥이 아들도 지금까지는 별 소동 없이 잠잠하다. 형인 팀이 동전던지기에서 이겼고, 머핀 하나를 먼저 골랐다. 동생 킴이 이어 자기 마음에 드는 머핀 하나를 골랐다. 여기에서는 승부차기에 임하는 축구선수의 심리적 압박감은 존재하지 않는다. 하지만 약간의 문제가 있다. 킴은 아무래도 뭔가 찜찜하다. 형과 자신이 한 번씩 고를 때마다 왠지 나중에 골라야 하는 자기가 불리하게 느껴진 것이다. 만약 선택 대상이 머핀 8개가 아니라 각기 다른 금액이 묶여 있는 8개의 돈 다발이라면? 그러면 형과 동생이 한 번씩 고를 때마다 실제로 킴은 형보다 훨씬 더 불리한 입장에 놓인다. 번갈아 한 번씩 선택하는 방식이라 해서 무조건 공평한 것은 아니라는 뜻이다.

이 문제를 어떻게 해결해야 좋을까?

승부차기를 두고 몇몇 개선안이 제시된 바 있다. 예컨대 양 팀의 키커들이 동시에 공을 차게 만드는 것이다. 축구장에는 골대가 2개 있으니 시설 면에서 문제가 없다. 선수들의 심리적 부담도 덜어주니 나쁜 방법은 아니다. 문제는 그렇게 하면, 보는 재미가 떨어진다는 것이다. 시선을 분산해야 하는 관중 입장에서는 뾰족한 해결책이 아니다.

'따라잡기' 방식을 도입하기도 했다. ABBA 방식이라고 부르는 이 방식에서도 선축 팀은 동전 던지기 등으로 결정한다. 양 팀에서 각 한 명씩 공을 찬 다음에는 ABAB 방식이 아닌 다른 방식으로 순서를 결정한다. ABBA 방식에서는 예컨대 한 팀이 골을 넣고 한 팀이 골을 넣지 못했다면 골을 넣지 못한 팀이 다음 라운드에서 선축한다. 혹은 양 팀 모두 성공하거나 실패했을 때 이번 라운드에서 선축한 팀이 다음 라운드에서 후축한다. 이러한 방식의 공평성은 수학적으로 입증할 수 있다.

테니스의 타이브레이크에서는 또 다른 방식을 적용한다. 예를 들어 한 세트에서 두 선수가 총 12게임을 했는데 점수가 6:6인 경우, 13번째 게임 대신 타이브레이크가 시작되는데, 이때 12번째 게임에서 서브권이 없던 선수가 먼저 한 번 서브한다. 그다음 나머지 선수가 두 번 서브하고, 계속 그런 방식으로 이어진다. 각자 두 번씩 서브한 뒤 서브권을 교대하는 것이다. 타이브레이크의 승자는 최소 2포인트 차이로 7점을 먼저 획득하는 것으로 결정한다. 통계학에서 이 방식 역시 두 선수의 전력이 비슷할 때 충분한 공평성을 지닌다고 입증한 바 있다.

도로타와 쌍둥이 형제에게 타이브레이크 방식을 그대로 적용하기 힘들다. 하지만 그 사례에도 공평성을 높이는 묘수가 있다. 이번에도 누가 먼저 선택할지는 제비뽑기로 한다. 형 팀T이 이겨서 머핀을 먼저 고른다고 가정해보자. 동생인 킴K은 그다음으로 머핀을 고른다. 1라운드는 팀-킴의 순서로 진행한다.

이제 새로운 라운드가 시작될 때마다 순서가 바뀐다. 형-동생-형-동생(TK-TK-TK-TK)으로 이어지는 대신 TK-KT-TK-KT-TK-KT 등으로 라운드마다 '교대순서를 교대하는' 것이다. 단순한 교대보다는 개선한 방식이다. 2차원적 교대가 1차원적 교대보다 진일보한 방식인 것이다. 하지만 교대는 기본적으로 불공평성을 내포한다. 제아무리 뒤집고 비틀어도 교대는 어디까지나 교대일 뿐이다.

그보다 더 영리한 방법이 필요하다.

다행히 늘 통하는 방식이 있다. 승부차기나 머핀 고르기 뿐 아니라 그 어떤 분야에도 적용이 가능하다. 자, 팀이 동전던지기에서 이김으로써 1라운드의 순서는 이미 TK로 정해졌다. 만약 이 순서가 팀 혹은 킴에게 어떤 식으로든 이익이라고 판단할 경우, 다음 라운드에서 순서를 뒤집음으로써 장점을 단점으로 바꿀 수 있다. TK–KT 순으로 2라운드까지 진행하는 것이다.

만약 이 순서 역시 둘 중 한 명에게 너무 유리하다고 판단한다면 그 뒤에 이어지는 4개의 알파벳(2개의 라운드)을 위 순서의 역순으로 바꿀 수 있다. TK–KT 뒤에 KT–TK를 이어붙이는 것이다. 그다음에도 누군가가 차별받는다고 느낀다면 다음에 이어질 8개의 알파벳(4개의 라운드)을 TK–KT–KT–TK의 역순으로 채운다(TK–KT–KT–TK–KT–TK–TK–KT). 이후에 올 16개의 자리(8개의 라운드) 역시 이런 식으로 계속 순서를 바꿀 수 있다.

이건 한 번씩 번갈아가는 방식(ABAB)도 교대를 교대하는 방식(ABBA)도 아니다. 번갈아감에 있어 번갈아감을 번갈아가는 방식, 즉 교대에 교대를 끊임없이 이어가는 것이다. 이는 '균형 잡힌' 교대 방식이라 부를 수는 있지만, 엄밀히 따지면 교대가 아닐 수도 있다.

이때 2개, 4개, 8개 등 라운드의 수가 늘어날수록 공평성은 높아진다. 이렇게 변화무쌍한 교대 방식은 수학 분야에서는 '투에 모스 수열 Thue-Morse-Sequence'로 잘 알려진 방식이다. 투에 모스 수열은 재미난 특징들을 지닌 매우 유용한 수열이다.

팀과 킴과 빔 Tim & Kim & Wim

팀T과 킴K과 빔W이 무언가를 위해 순서를 정해야 한다. 추첨으로 예컨대 팀이 1번, 킴이 2번, 빔이 3번으로 결정되었다. 세 명이 공평하게 순번을 정하려면 어떻게 해야 할까? 그건 바로 T-K-W-W-K-T-W-K-T-T-K-W…이다!

투에 모스 수열의 가장 큰 특징 중 하나는 '자기유사성(재귀성)'이다. 해당 수열을 무한대로 확장하며 2, 4, 6, …번째 숫자(혹은 문자나 부호 등)를 지워나가면 원래의 투에 모스 수열만이 남는다.

또 다른 특징은 '3중성'이 없다는 것이다. TK라는 한 쌍의 단위가 3번 연달아 나오는 경우는 단 한 번도 없다. 반복을 피하는 체계가 내재해 있는 것이다. 몇몇 작곡가가 투에 모스 수열을 활용하는 것도 놀라운 일이 아니다. 이 수열을 이용하면 악구phrase의 반복과 전환을 완벽하게 결합할 수 있다.

덴마크의 작곡가 페르 뇌고르Per Nørgård도 그런 작곡가 중 하나다. 뇌고르는 타악기 앙상블을 위한 곡을 쓸 때 투에 모스 수열에 따라 연주자들의 순번을 결정하고, 각 파트가 연주할 부분의 속도에 변화를 주었다. 그는 재귀성을 지닌 투에 모스 수열을 활용함으로써 최상의 하모니를 추구했다.

'나 한 번, 너 한 번'보다 나은 방식

8인승 보트를 타고 래프팅에 참여한 이들 사이에서 노 젓는 방향을 좌우로 어떻게 분배해야 좋을지 논란이 벌어졌다. 보트는 당연히 물 위에서 최대한 안정적으로 떠내려가야 한다. 노를 저을 때마다 보트가 한쪽으로 기우는 사태는 최대한 방지해야 했다. 모두 왼쪽 패들러가 노를 한 번 젓고, 이어 오른쪽 패들러가 노를 한 번 젓는 게 어떠냐고 말했지만, 사실 그 방법은 최상의 솔루션이 아니다. 투에 모스 수열에 따라 왼쪽 노와 오른쪽 노를 젓는 순서를 결정하는 이탈리아의 노 젓기 방식이 더 낫다고 한다.

결론: 순번을 정할 때 '나 한 번, 너 한 번' 방식은 되도록 피하시라. 절대 공정한 방식이 아니다. 오히려 근절해야 마땅한 방식이다. 그보다는 ABBA 방식이나 투에 모스 수열에 따른 균형 잡힌 교대 방식이 훨씬 공평하다.

18

무식이 유식으로 전환되는 순간

농부라 해서 늘 우매한 것은 아니고
'고매하신 박사님'의 말이라 해서 늘 옳은 것도 아니다.
너무 많이 아는 것이 오히려 문제 해결을 방해할 수도 있다.

'농부는 자기가 모르는 음식은 먹지 않는다'라는 독일 속담이 있다. 익숙한 것을 선호하고 미지의 것은 멀리하는 인간의 본성을 콕 집어서 지적한 말이다. 이 속담의 적용 범위는 음식에 국한되지 않는다. 어떤 이들에게 이 속담은 인생을 살아가는 신념이기도 하다.

결정을 앞두고 있을 때는 심사숙고하는 편이 안전하다. 물론 그러기에는 시간과 노력이 너무 많이 든다. 시간을 쪼개 써야 하는 현대인들 입장에서는 어쩌면 불가능한 요구일 수 있다. 그런가 하면 정보 부족으로 사안을 제대로 예측할 수 없을 때도 있다. 그럴 때는 선배들이 가르쳐준 보편적 인생의 지혜, 즉 경험칙經驗則을 준거로 삼는 것이 좋다. 실제로 상황 판단이나 해결책 모색에 도움을 줄 때가 많다.

농부의 말에는 분명 삶의 지혜가 담겨 있지만 농부를 식자층에 속한다고 보는 사람은 거의 없다. 오히려 농부의 입에서 나오는 말들은 현실과는 동떨어진 소리에 불과하다고 본다. 농부의 지혜보다는 학술적 근거를 더 신뢰한다는 뜻이다.

농부라 해서 늘 우매한 것은 아니고 '고매하신 박사님'의 말이 늘 옳은 것도 아니다. 학술 지식과 관련해 요즘은 '적은 것이 더 많은 것less is more'이라는 주장에 오히려 힘이 실리고 있다. 너무 많이 아는 것이 문제 해결에 방해가 된다는 점을 꼬집는 말이다.

그럴 리가 없다고? 그렇다면 '트리비얼 퍼수트Trivial Pursuit'라는 퀴즈 게임을 떠올려보자. 이 퀴즈는 하나의 문제를 제시한다. '샌디에이고와 샌안토니오 중 인구수가 더 많은 도시는?'이라는 질문이다.

교육학 전문가인 게르트 기거렌처Gerd Gigerenzer는 미국과 독일의 대학생에게 이 질문을 했다. 조사 대상의 규모도 큰 편이었다.

그 결과를 알기 전에 먼저 당신의 답변은? 둘 중 어느 도시의 인구가 더 많을까?

무응답은 안 된다. 잘 모르면 둘 중 아무거나 고르시라. 이때, 당연히 미국 사람이 정답을 알아맞힐 확률이 다른 국가 출신에 비해 높을 것이다. 실제로 조사 대상이었던 미국 대학생 중 62퍼센트가 샌디에이고를 골랐다. 정답을 맞힌 것이다.

미국 출신이 아니라면 이 문제가 쉽지 않을 것이다. 미국인이 아니라면 샌디에이고는 들은 바가 있을지 몰라도 샌안토니오는 아마도 완전히 생소한 이름일 것이다. 그런데 독일 뮌헨의 대학생들은 단 한 명의 예외도 없이 모두가 정답을 알아맞혔다. 정답률이 100퍼센트였다.

그게 어떻게 가능하냐고? 미국 도시에 대해 미국인보다 지식이 많지 않을 뮌헨의 대학생들이 어떻게 높은 정답률을 기록할 수 있었느냐고?

답은 간단하다. 독일 대학생들은 문제를 단순하게 바라봤다. 두 도시 중 샌디에이고라는 이름은 들어본 적이 있고, 샌안토니오는 처음 듣는다. 이런 경우, 이름이 잘 알려진 도시가 인구수가 더 많을 확률이 높다!

어떤가? 말이 되지 않는가? 인구수가 많을수록 그 도시 이름이 미디어에 노출되는 빈도가 높아진다. 또 언론 노출도가 높을수록 독자들이 그 도시 이름을 들어봤을 확률도 높아진다. 통계학자들은 이를 두고 인구수와 미디어 노출 빈도 사이에 '긍정적 상관관계positive correlation'가 존재한다고 말한다.

무지를 추구하는 학문

1995년, 스탠퍼드 대학교의 로버트 프록터Robert Proctor 교수는 '아그노톨로지agnotology'라는 새로운 영역의 학문을 제안했다. '아그노톨로지'란 쉽게 말해 무지에 관한 학문이다. 아그노톨로지에서는 예컨대 '우리가 아직 모르는 것을 왜 알아야 할까?', '무지가 더 도움을 줄 때는 없을까?', '무지 상태를 어떻게 하면 유지하거나 다시 되살릴 수 있을까?' 등을 연구한다. 아그노톨로지의 가르침 중 내가 가장 좋아하는 말은 '아는 것에서 출발했건 모르는 것에서 출발했건 진실은 언제나 진실이다'라는 것이다!

여러 대상물 중 내가 알고 있는 것이 하나뿐일 때에는 그 하나가 나머지보다 더 높은 가치를 지닌다. 앞선 퀴즈의 사례에서 주어진 과제는 두 도시 중 인구수가 더 많은 도시를 알아맞히는 것이었다. 둘 중 샌디에이고라는 도시명만 들어본 적이 있는 독일 학생들은 모두가 정답을 골랐다. 의도하지 않았지만, 조상 대대로 전해 내려온 지혜를 무의식적으로 따른 것이었다. 두 도시의 이름을 모두 들어본 미국의 대학생들은 기존 정보들 때문에 주저할 수밖에 없었다. 너무 많은 지식이 올바른 선택을 오히려 방해한 것이다.

서로 연관성이 있는 대상물들 사이에서 하나를 골라야 할 때면 내가 들어본 적이 있는 대상물을 고르는 편이 안전하다. 샌디에이고와 샌안토니오 중 인구수가 더 많은 곳을 골라야 할 때면 경험칙에 따라 한 번이라도 들어본 적이 있는 도시를 고르는 편이 정답률이 높다.

심리학자들은 이렇게 단순한 경험칙이 다양한 상황에서 도움을 준다고 입을 모아 말한다. 예컨대 운동 경기에서 누가 이길지를 맞히는 경우에도 간단한 주먹구구식 해결책이 도움을 준다. 한번은 윔블던 테니스 대회에서 승자를 알아맞히는 것과 관련해 연구를 실시한 적이 있다. 그중 순전히 '맨 땅에 헤딩하기'식으로 승자를 점친 테니스 비전문가들의 적중률이 무려 73퍼센트에 달했다. 세계 랭킹순위에서 상위에 포진된 선수들을 선택한 경우의 적중률은 66퍼센트였다. 시드seed 배정표를 분석한 전문가들의 예측은 69퍼센트의 적중률에 그쳤다.

'찢어진 백과사전', 즉 아마추어들이 최고의 적중률을 기록했다. 비전문가 중에는 참가 선수들의 이름조차 제대로 모르는 이도 많았다. 하지만 경험칙은 전세를 완전히 뒤집었다. 부족한 정보가 오히려 승리의 발판이 된 것이다.

선조의 지혜나 생활의 지혜, 경험칙 등은 엄밀히 따지면 절반의 지식에 불과하다. 많이 아는 것이 승리의 보증수표는 아니다. 때로는 '반쪽짜리 지식'이 완벽한 지식을 압도한다. 테니스 매치의 승자를 예측하는 게임에서 아마추어들이 이길 수 있었던 이유는 단순하다. 자주 들어본 이름일수록 전력이 뛰어날 것이라는 단순한 경험칙이 효과를 발휘한 것이다.

짚단으로도 황금 실을 자아낼 수 있다!

우리는 모르는 것들이 누적될 때마다 불안감과 경각심을 느낀다. 하지만 우리에겐 무식을 지식으로 전환하는 마법의 힘이 있다. 그 마법의 힘이란 짚단으로 황금 실을 자아내는 경험칙이다!

어느 연구팀이 주가 예측 연구를 했다. 연구팀은 수백 명의 증권 비전문가들에게 상장기업 중 어떤 기업의 이름을 들어보았는지를 물었다. 조사대상자의 90퍼센트 이상이 들어본 적이 있다고 말한 기업들만 묶어서 포트폴리오를 구성했다. 금융 전문가들의 예측을 종합한 또 다른 포트폴리오도 구성했다. 그다음 DAX 지수를 기준으로 수익과 손실을 비교했다.

비전문가들의 포트폴리오가 DAX 지수보다 높게 나왔다. 투자 전문가들의 포트폴리오와 비교해도 뒤지지 않았다. 금융지식이 거의 없는 비전문가들의 경험칙으로 만들어낸 투자 상품이 전문지식을 보유한 이들의 의견에 따라 탄생한 투자 상품보다 더 높은 실적을 보인 것이다.

농부의 지혜가 결정에 도움을 준다는 것을 여실히 보여주는 법칙이 있다. 14세기 영국의 프란체스코회 수도사 오컴의 윌리엄William of Ockham의 이름을 딴 '오컴의 면도날Ockham's Razor'이다.

오컴의 면도날 법칙에 따르면, 어떤 사실이나 현상의 2가지 설명 중 간단한 쪽을 선택해야 한다. 불필요한 가정을 포함한 복잡한 설명보다는 직관적으로 이해 가능한 설명이 사실일 확률이 더 높기 때문이다.

어느 날 앵무새 한 마리가 집 베란다로 날아들었다. 이 현상을 설명하는 방법은 여러 가지가 있다. 예를 들어 일반상대성이론에서 말하듯 중력장에 의해 앵무새의 시공간 연속체가 휘고, 양자 터널링 효과 때문에 머나먼 곳에 서식하고 있던 앵무새가 갑자기 내 베란다로 순간이동을 한 것이라 가정할 수도 있다. 혹은 우리 집에서 가까운 동물원에 열대 조류 전용관이 있는데, 먹이를 주느라 문이 열린 틈을 타 한 마리가 도망을 쳤다고 추측할 수도 있다. 둘 다 불가능한 설명은 아니다. 하지만 두번째 예측이 훨씬 더 단순하고, 진실에 가까울 확률이 더 높다.

'생각 절약의 원리principle of parsimony'라고도 불리는 오컴의 면도날 법칙은 개연성이 높은 이론과 그렇지 않은 이론을 구분할 때 흔히 활용한다. 불필요한 가정들을 애써 동원하지 않는 이론이 진실일 개연성이 더 높다는 것이다. 물론 오컴의 면도날이 늘 진실만을 가리키는 것은 아니지만 눈앞에 놓인 장황한 방식들의 효능을 시험하기에는 충분하다. 대자연도 2가지 길이 있을 때 늘 간단한 쪽을 고른다. 오컴의 면도날 법칙도 마찬가지이다.

오컴의 면도날을 옹호한 대표적 철학자로는 버트런드 러셀Bertrand Russel을 꼽을 수 있다. 그에 반해 이마누엘 칸트Immanuel Kant는 다양성의 원리를 믿는 쪽을 택했다.

어떤 현상을 설명하기 위해 3가지 도구를 동원해도 불충분하면 4번째 도구를 추가해야 한다고 본 것이다.

오컴의 면도날 법칙과 칸트의 다양성 원리는 서로 모순이 아니다. 오컴의 면도날 법칙은 기본적으로 내용이 동일한 두 상황에서 복잡한 가설보다는 단순한 가설을 선택하라는 법칙이다. 하지만 예컨대 아인슈타인의 상대성 이론과 뉴턴의 역학 이론은 내용이 서로 다르다. 상대성 이론이 역학 이론보다 수학적으로 더 복잡하다. 이럴 때는 오컴의 면도날 법칙보다는 칸트의 다양성 원리를 적용하는 편이 안전하다.

사람뿐 아니라 동물도 단순한 경험칙을 선호한다. 대표적 사례는 아마도 쥐일 것이다. 쥐는 먹잇감을 극도로 신중히 고른다. 그 이유는 구

토할 수 없기 때문이다. 쥐는 일단 먹어서 위胃로 흘러들어간 음식물을 다시 입으로 뱉어낼 수 없다. 이와 관련해 노르웨이의 학자들은 쥐가 이미 먹어본 음식물을 선호한다는 연구 결과를 발표했다. 동족이라 하더라도 낯선 쥐들끼리는 숨결도 주고받지 않는다고 한다. 쥐들도 경험칙이 있는 것이다. 이에 따라 경험칙의 '원저작자'는 농부와 쥐, 이 둘인 것으로 판명한다. 땅땅땅!

19

여행은 위험해!

우리는 감정적, 본능적으로 위험의 강도를 판단하곤 한다.
하지만 주관적인 판단과 현실 사이의 괴리가 클 때가 많다.
이를테면 수영장은 식인 상어보다 훨씬 위험하다.

독일 연방 여행 비용법에는 '공무원이 출장 중 사망할 경우, 출장기한이 끝난 것으로 간주한다'라고 나와 있다. 어찌나 다행인지 모르겠다. 사망자는 출장 중 어떤 업무도 실행에 옮겨야 할 필요가 없으니 말이다. 그렇다면 '전투 중인 군대를 위한 연방군 명령'에는 뭐라 나와 있는지도 한번 살펴볼까? '사망은 복무 능력 부재의 가장 강력한 형태이다'라고 나와 있다. 쳇!

아무튼 출장은 위험하다. 참전도 위험하다. 여행도 위험하다. 이 장에서는 여행 중에 상해를 입거나 사망에 이를 위험에 대해 알아보자.
위험의 강도는 당사자가 얼마나 모험심이 강한지 혹은 매사에 신중한지에 달려 있다. 예컨대 공무원들은 극도로 조심스럽게 차를 몰고, 차 사고를 일으키는 빈도도 매우 낮다. 각종 보험사의 통계가 그 사실을 입증한다. 보험사들은 보험가입자의 직업이 공무원이면 매달 내는 보험료의 10퍼센트를 할인해준다.

우리는 늘 감정적, 본능적으로 위험의 강도를 판단한다. 하지만 주관적인 판단과 현실 사이의 괴리가 클 때가 많다. 많은 이들이 2001년 9월 11일에 발생한 사건을 지금도 생생히 기억할 것이다. 당시 두 테러리스트는 민항기를 납치한 뒤 뉴욕 세계무역센터 쌍둥이 빌딩으로 돌진했고, 그 사건으로 3000명 이상이 목숨을 잃었다. 그날 이후 수많은 미국인이 비행공포증에 시달렸다. 원래 비행기로 가야 할 거리임에도 자동차를 택하는 이들이 대폭 늘었다. 이듬해에 자동차 사고로 사망한 이들의 수가 작년 대비 1600명 늘었다. 비행기 사고 사망자는 늘 그래왔듯 낮은 수치를 유지했다.

상어를 무서워하는 이도 아주 많지만, 식인 상어로 인한 사망자는 연간 고작 12명이다. 반면 2017년 한 해 독일에서만, 그것도 '안전시설이 모두 갖춰진' 수영장에서 익사한 사람도 정확히 12명이다.

그렇게 볼 때 수영장이 식인 상어보다 더 위험하다는 말이 성립한다. 상어는 일상생활의 일부가 아니지만 수영장은 상어보다는 우리 생활과 훨씬 밀접하기 때문이다. 여름이면 수영장을 찾는 이의 수가 늘어난다. 잠깐, 그런데 우리가 평범하게 살아가는 날들 속에는 위험이 없을까?

위험이 있고 없고는, 혹은 위험의 강도는 하루를 어디에서 어떻게 보내느냐에 따라 달라진다. 대중교통을 이용하는 사람과 자가운전으로 출퇴근하는 사람, 혹은 병원에 입원한 사람과 위험 지역을 여행하는 사람이 하루 사이 겪는 위험의 양과 강도가 같을 순 없다.

위험도를 측정하는 단위로 앞서 마이크로몰트를 소개한 바 있다. 영국의 리스크 전문 연구가 데이비드 스피겔할터가 고안한 기발한 단위이다. 1MM은 어떤 행위를 하다가 죽음에 이를 확률이 100만분의 1임을 뜻한다. 25세인 청년이 평범한 하루를 견디지 못하고 사망할 확률을 뜻하기도 한다.

독일인에게 적용되는 평균 위험도는 예를 들어 독일 내 1일 사망자의 수를 따지면 알 수 있다. 사망자 수를 전체 인구수로 나누는 것이다. 2016년의 경우, 사망자 수가 100만 명에 가까웠다. 참고로 100만 명은 쾰른시의 총인구수이기도 하다. 독일의 총인구는 약 8100만 명이다. 독일의 평범한 시민이 평범한 어느 하루에 사망할 위험도는 34MM이다(1년은 365일. 따라서 1,000,000명 ÷ 365일 ÷ 81,000,000명 ≒ 34MM).

물론 이동 중이거나 여행 시에는 위험도가 상승한다. 얼마나 높아지는지는 어떤 교통수단을 이용하느냐에 따라 다르고, 교통수단에 따라 위험도가 1MM에 도달하는 거리도 제각각이다.

비행기를 타고 이동할 때에는 1만 2000킬로미터, 열차의 경우는 1만 킬로미터, 자동차는 500킬로미터를 달리면 위험도가 1MM에 도달한다. 자전거의 경우는 30킬로미터, 도보로는 25킬로미터, 오토바이로는 10킬로미터만 이동해도 위험도가 1MM에 이른다. 1MM에 이르는 이

동거리가 더 짧은 이동수단이 있다. 바로 카누다. 카누를 타기 시작한 지 6분만 지나도 사망위험도가 1MM에 도달한다. 낙하산 점프는 위험도가 8MM에 이른다.

진짜 목적지는 따로 있다!

공자는 "길이 곧 목적지"라고 말했다.
나는 거기에 이 말을 꼭 덧붙이고 싶다.
"차가 심하게 막힐 때만 빼고.
그때는 진짜 목적지만이 목적지이다."

위 수치를 보면 비행기가 가장 안전한 이동수단이다. 진실에 가까운 말이지만 완벽한 진실은 아니다. 엘리베이터도 이동수단이기 때문이다. 엘리베이터는 비행기보다 더 안전하다. 독일의 경우, 엘리베이터를 타다가 사망하는 이의 수가 연평균 한 명꼴이다. 엘리베이터를 타고 100만 킬로미터를 이동해야 비로소 1MM가 된다.

물론 엘리베이터를 타고 휴가지로 떠날 수는 없다. 비행기나 열차, 자동차 중에서 하나를 골라야 한다. 제일 안전한 대안은 비행기이다. 지난번에 비행기로 목적지에 도착한 이후 기장이 했던 말이 떠오른다. "승객 여러분, 저희 XX항공을 이용해주셔서 감사합니다. 즐거운 시간 보내시기 바랍니다. 그런데 승객 여러분의 이번 여행 중 가장 안전한 부분이 지금 막 끝나고 있으니 어딜 가시든 부디 조심하시기 바랍니다."

인생은 처음부터 여행의 연속이다. 출생도 세상 밖으로 나오는 여정이다. 출생은 아마도 우리 같은 평범한 사람들이 평생 겪는 일 중 가장 위험한 사건일 것이다. 아기가 엄마 뱃속에서 세상 밖으로 나오는 과정의 위험도는 5000MM에 달한다.

제왕절개로 아이를 출산하는 산모는 170MM의 위험도에 노출된다. 관상동맥우회술의 위험도는 1만 6000MM, 에베레스트 등정은 거의 3만 5000MM에 달한다. 출생 정반대에도 위험도가 매우 높은 요인이 존재한다. 독일에서는 매년 15만 건의 자살시도가 발생하는데, 그중 1만 1000건이 '성공'한다. 매번 자살을 시도할 때마다 시도자 본인이 유발한 7만 5000MM의 위험도를 보여주는 것이다(11,000건 ÷ 150,000건 ≒ 75,000MM). 위험도로 따지자면 에베레스트 탐사는 '절반의 자살시도'라 할 수 있다.

한 생명의 가치는 어떻게 측정할 수 있을까? 개인적으로는 솔직히 이 질문 자체가 매우 끔찍하게만 느껴지지만 각종 행정기관은 업무처리를 위해서라도 이 질문에 대한 답을 찾아야 할 것이다. 예를 들어 자동차 사고 사망자가 발생한 경우, 유족들에게 지급할 배상금의 액수를 책정해야 하는 상황이 벌어지기 때문이다. 독일의 경우 해당 업무는 연방도로청 관할이다.

연방도로청은 교통사고 사망자 유족 배상금과 관련해 자체적인 계산법을 개발했다. 사망자의 생산잠재력에 기반을 둔 계산법으로, 희생자의 사망으로 인해 희생자가 속한 공동체에 얼마큼의 손실이 가해지는

지를 계산하고 직군별로 평균을 낸 것이다. 그 결과 1인당 평균 120만 유로라는 답이 나왔다.

연방도로청은 이렇게 생명의 가치를 돈으로 환산했다. 쉽게 말해 '목숨값'을 계산한 것인데, 생명을 향한 경외심은 조금도 느껴지지 않는다. 이와 비슷한 일이 비단 독일에서만 일어나는 것은 아니다. 오트볼타 Haute Volta('부르키나파소'의 옛 국가명—옮긴이)에서는 암소 6마리를 주면 신부를 맞이할 수 있다. 예멘에서는 소 36마리에다 최소한 AK-47 자동 소총 1정쯤은 얹어줘야 신붓감을 얻을 수 있다. 어떤가, 이 또한 끔찍하지 않은가.

100만 MM은 한 사람의 생명을 의미한다. 정부기관은 그 가치가 120만 유로라고 말한다. 이 액수는 예컨대 교통 계획상의 어떤 조치의 타당성 조사를 할 때 비용 편익효과 속으로 녹아든다. 120만 유로를 투자해서 한 사람의 생명을 살릴 수 있다면 해당 조치를 실행에 옮길 수 있다는 뜻이다.

보험사도 보험료 책정 시 위와 유사한 계산법을 활용한다. 그런데 우리가 납입하는 보험'료' 대신 피해 발생 시 보험사에서 지급하는 보험'금'을 자세히 들여다보면 보험사가 특정 활동이나 직군에 어느 정도의 위험도를 매기고, 이를 돈으로 환산하면 얼마인지 알 수 있다. 그 결과, 보험사가 100만분의 1의 사망도(=1MM)를 120센트(=1.2유로)로 매기고 있다는 사실을 알 수 있었다.

당신의 생각은 어떤지 궁금하다. 내 사망위험도를 1MM 높이는 조건으로 누군가가 내게 1.2유로를 주겠다고 제안하면 그 제안을 받아들일 독자가 과연 몇 명이나 될까? 1.2유로라…… 고작 1.2유로라고? 나라면 결코 그 제안을 받아들이지 않겠다.

목숨값과 관련해 독일의 어느 잡지에서 대규모 설문조사를 한 적이 있다. 질문은 '100만 유로를 주는 대신 1년 일찍 죽는 것에 동의하느냐?'라는 것이었다. 30세 이하의 조사 참가자 중 30퍼센트는 '그렇다'라고 답했다. 50세 이상에서는 10퍼센트만이 동의했다.

자기 삶의 가치평가는 사람마다 다르다. 사망위험도를 낮추기 위해 얼마까지 지불할 용의가 있느냐고 물어보면 그 사람이 자기 삶의 가치를 어떻게 평가하고 있는지 알 수 있다. 예를 들어 25세 청년이 하루 동안 자신의 사망위험률을 제로로 만들어주는 조건으로 5유로를 낼 용의가 있다면, 그 청년은 자신의 삶이 총 500만 유로의 가치가 있다고 생각하는 것이다. 반면 90세 노인이 하루 동안 '불멸의 삶'을 누리는 대가로 1000유로를 지불하겠다며 돈다발을 흔든다면 그 노인은 자신의 삶이 200만 유로의 가치가 있다고 생각하는 것이다.

생물의 순환주기

정확히 60년 전, 당시 여섯 살이던 롤랑드 주네브Rolande Geneve가 프랑스 이제르Isere에 소재한 집 정원에 떡갈나무를 심었다. 7월 3일, 바로 어제 주네브는 쓰러진 그 나무에 맞아 목숨을 잃었다.

– 1994년 7월 4일 자, 더 미러The Mirror 지

위험은 삶의 모든 곳에 도사리고 있다. 숯불에 구운 소시지를 먹는 행위에도 위험이 내포되어 있다. 숯불구이 소시지 100개를 먹는 것은 사망위험도를 1MM 높이는 행위이다. 니트로사민nitrosamine 화합물이 암을 유발할 수 있기 때문이다. 내 평소 식습관을 고려할 때 그만한 양의 그릴 소시지를 먹으려면 7년이 걸린다. 솔직히 숯불구이 소시지 없이도 충분히 잘 살아갈 수 있다. 어차피 살다 보면 여기저기서 위험 요인들이 나타난다. 누구도 위험 요인들을 정확히 예측하지 못한다.

독일의 시인 요아힘 링겔나츠Joachim Ringelnatz가 뭐라고 했더라? 아, "세상에 100퍼센트 확실한 건 존재하지 않는다는 사실만큼은 100퍼센트 확실하다"라고 말했지! 과연 그 말은 100퍼센트 확실할까?

20

더 빨리 구조하기

수학자 팀 페닝스는 반려견 엘비스와의 실험을 통해
동물들이 본능적으로 가진 수학적 감각을 발견했다.
호프 대학교는 엘비스에게 명예박사 학위를 수여했다.

오늘의 주인공은 엘비스Elvis이다. 전설적인 명가수 엘비스 프레슬리 얘기가 아니다. 여기에서 말하는 엘비스는 웰시코기 종에 속하는 어느 강아지의 이름이다. 이야기의 주제는 수학자와 함께 사는 반려견에게는 어떤 일이 일어날 수 있을까 하는 것이다. 미시간 호수 인근에 팀 페닝스Tim Pennings라는 수학자가 살고 있다. 페닝스는 매일 강아지를 데리고 호숫가로 산책을 나간다.

산책은 엘비스가 가장 좋아하는 일과 중 하나다. 엘비스는 페닝스가 던진 막대기를 되찾아오는 걸 특히 좋아한다. 어느 날 페닝스는 신기한 현상을 발견했다. 호수 앞에 선 페닝스가 막대기를 비스듬히 호수 안쪽으로, 꽤 멀리 던져보았다. 막대기는 호수 표면을 둥둥 떠다녔다. 페닝스는 자기 바로 옆에 있던 엘비스가 그 즉시 호수 안으로 풍덩 뛰어들어 막대기가 있는 곳으로 헤엄칠 줄 알았다. 하지만 엘비스는 그렇게 하지 않았다.

페닝스 생각엔 호숫가를 따라 조금 달리다가 막대기까지의 거리가 가장 짧은 지점에 도달한 뒤 헤엄을 치는 것도 좋은 방법 같았지만, 엘비스는 그렇게 하지 않았다.

왜 그랬을까? 왜 그렇게 하지 않았을까?

페닝스가 생각한 2가지 방법은 꽤 괜찮은 방법이다. 첫번째 방식은 최단거리를 선택하는 방식, 즉 막대기와 가장 가까운 직선거리를 선택하는 방식이니 아주 훌륭하다고 할 수 있다. 두번째 방식에서는 물속에서 헤엄을 치는 거리가 첫번째 방식보다 짧다. 엘비스가 헤엄치는 속도보다 달리는 속도가 훨씬 더 빠른 것을 고려하면 두번째 방식 역시 탁월한 선택이다.

하지만 엘비스는 특이한 방식을 선택했다. 전력 질주로 호숫가에 도착한 뒤 막대기까지의 거리가 가장 짧은 지점이 아니라 '비스듬히' 놓이는 지점에서 호수로 풍덩 뛰어든 것이다.

정말이지 영리한 녀석이다. 그게 바로 목표지점에 가장 일찍 도착하는 전략이기 때문이다. 이때 가장 중요한 것은 엘비스가 호숫가 어느 지점에서 물속으로 뛰어드느냐 하는 것이다. 수학자들은 이를 '최적화의 문제optimization problem'라고 말하는데, 간단히 풀 수 있는 문제가 아니다. 복잡한 수학 공식들을 동원해야 비로소 최적화가 가능하다.

페닝스는 엘비스가 도대체 어떻게, 늘 거의 정확한 지점에서 호수로 뛰어들 수 있는지 궁금했다. 어느 날 3시간 동안 연달아 막대기 되찾아오기 놀이를 했고, 총 35개의 지점을 측정했다. 수학 공식들을 이용해 엘비스가 물에 뛰어든 지점들을 분석한 결과, 엘비스가 항상 최적의 지점 가까이에서 호수로 뛰어들었다는 사실을 깨달았다.

엘비스가 미분 공식을 줄줄이 외우고 있을 리 없었다. 그런데도 엘비스가 선택한 지점은 미분 계산으로 산출한 지점과 늘 거의 일치했다. 본능적으로 수학적 감각을 발휘했다고 볼 수밖에 없다. 엘비스는 동작의 진행 과정을 본능적으로 최적화하는 '육감'을 지니고 있다.

왕거미의 그물 잣기와 마약의 상관관계

강아지뿐 아니라 수많은 동물에게는 수학적 감각이 내재해 있다. 왕거미처럼 뇌세포의 개수가 적은 동물들도 수학적 감각을 지니고 있다. 왕거미가 잣은 그물을 자세히 들여다보면 각 그물코 사이에 놓인 공간의 높이와 너비가 일정한 비율을 유지한다는 사실을 알 수 있다. 왕거미의 뇌에 비율 감각이 있는 것이다.

약물을 투여하면 상황이 달라진다. 흥분제를 투여할 경우 평소보다 아주 빠른 속도로 그물을 짜지만, 구멍이 너무 커서 완전히 쓸모없는 그물망이 되고 만다. 마리화나를 투여한 왕거미는 처음에는 평소와 다름없이 그물을 짜다가 금세 작업을 중단한다. 의외로 가장 최악의 결과를 초래하는 약물은 카페인이다. 카페인의 영향을 받은 왕거미는 체계 없이 그저 한 줄짜리 실만 잣는다. 그러다가 왕거미가 진행 방향을 바꾸면 줄이 꼬이고 중첩되면서 형편없는 그물망이 탄생한다.

사람도 주어진 시간이 같다면 헤엄칠 때보다 땅 위를 달릴 때 훨씬 더 많은 거리를 소화해낸다. 사람도 타고난 수학적 감각을 지니고 있다. 내가 물가에 서 있는데 비스듬한 전방 저 멀리서 누군가가 물에 빠져 허우적거리고 있다. 몇 초 만에 삶과 죽음이 결정되는 절체절명의 순간이다. 그럴 때 덮어놓고 물속으로 뛰어들어서는 안 된다. 엘비스가 선택했던 방식이 좀 더 현명한 방식이다. 서둘러 물가까지 뛰어간 뒤 내면의 명령에 따라 어느 지점부터 수영하는 것이 가장 좋을지를 결정하는 것이다.

개와 사람에게는 운동감각이 '내재'해 있다. 본능적 운동감각이 우리의 동작을 최적화한다. 본능적 운동감각을 따르면 절대 실패하지 않는다. 조금 더 달린 뒤에 물로 뛰어들까, 지금 이 지점에서 뛰어드는 편이 좋을까? 그럴 때는 우리 안에 내재한 운동감각을 따르면 된다! 목표지점을 향해 물가를 달리면 목표지점과 나의 거리는 좁혀진다. 하지만 거리가 좁혀지는 속도는 시간이 지날수록 줄어든다. 목표지점과 가장 가까운 지점에 도착하면 거리가 좁혀지는 속도가 0이 된다.

물가를 따라 달리다 보면 거리가 좁혀지는 속도와 물속에 뛰어들어 헤엄치는 속도가 정확히 일치하는 지점이 있다. 우리의 운동감각은 그 순간이 언제인지 본능적으로 감지한다. 그 순간 내가 서 있는 곳이 바로 최적의 지점, 즉 물로 뛰어들어 헤엄치면 최단시간에 목표지점에 도착할 수 있는 지점이다.

페닝스는 엘비스와 함께 또 다른 수학 실험들을 해보았다. 이를테면 출발지점을 바꿔본 것이다. 페닝스는 엘비스와 함께 호수 안으로 들어갔다. 그 상태에서 뭍과 물의 경계선과 평행한 방향으로 막대기를 던졌다. 막대기를 호수 안쪽에 떨어뜨린 것이다. 이때 막대기까지 가는 최단거리는 물속에서 직진으로 헤엄치는 것이다. 하지만 엘비스는 약간 비스듬한 방향으로 헤엄쳐 뭍으로 나간 뒤 조금 달리더니 다시 막대기와 비스듬히 놓인 지점에서 물속으로 뛰어들어 헤엄쳤다.

이번에도 엘비스가 최단시간에 막대기에 도달하는 최적의 행로를 선택한 것이다. 사실 이 방식은 막대기와 엘비스와의 거리가 멀 때만 최적의 방법이다. 막대기와의 거리가 아주 짧은 경우에는 뭍으로 나갔다가 다시 물속으로 뛰어드는 우회로 대신 그냥 물속에서 직진해서 헤엄치는 것이 최적이다.

다시 말해 목표지점과의 거리가 일정 거리 이상일 때 우회로를 택하는 것이 최선의 방식이라는 것이다. 수학자들은 우회로 선택의 유불리가 갈리는 지점을 '분기점bifurcation point'이라 부른다. 분기점에서는 직선거리를 선택하든 우회로를 선택하든 목표지점까지 도달하는 시간이 동일하다. 위 사례에서는 막대기와의 거리가 그 분기점tipping point보다 짧으므로 엘비스가 뭍으로 나갔다가 다시 물로 뛰어드는 대신 자신의 현재 위치에서 그냥 헤엄만 치는 것이 더 유리했다.

엘비스는 분기 이론bifurcation theory에 대해 들어본 적이 없을 것이다. 결과만 보면 그 복잡한 이론을 꿰뚫고 있는 게 아닐까 하는 의심이 든다. 물속에서 막대기 주워오기 게임을 몇 차례 더 해봤더니 목표지점과의 거리에 따라 직선코스로 헤엄만 칠 때도 있었고, 뭍으로 나갔다가 되돌아오는 우회로를 선택한 때도 있었다. 엘비스는 거의 매번 최적의 선택을 했다. 이동거리가 짧은데도 엘비스가 우회로를 선택한 것은 개의 본능적 감각이 땅 위에서보다는 물속에서 덜 예민하게 작동했고, 이에 따라 분기점을 정확히 짚어내지 못했을 뿐이다.

엘비스는 유명견이 되었다. 페닝스는 엘비스와의 실험 내용을 학술지에 실었고, 미시간의 호프 대학교는 엘비스에게 명예박사 학위를 수여했다. 페닝스가 아니라 엘비스에게 수여한 것이다! 그뿐 아니라 엘비스는 페닝스와 함께 수많은 토크쇼에 출연했다.

결론: 물놀이를 하다가 구조요청 목소리가 들릴 때가 있다. 그 사람과의 직선거리가 멀지 않다면 오직 헤엄치기로 그 사람을 향해 가도 된다. 여기에서 말하는 '멀지 않다'는 대략 '나와 뭍과의 거리 + 그 사람과 뭍과의 거리 〉 나와 그 사람과의 거리'를 뜻한다. 하지만 '나와 뭍과의 거리 + 그 사람과 뭍과의 거리 〈 나와 그 사람과의 거리'일 때에는 본능적으로 옳다고 판단하는 각도로 비스듬히 헤엄쳐서 일단 뭍으로 가야

한다. 그다음 해변을 달리다가 본능적 감각으로 올바르다고 판단하는 지점에서 다시 익사 위기에 빠진 사람을 향해 헤엄쳐야 한다.

동물과 인간의 내면에는 운동감각과 관련한 다양한 본능적 솔루션이 내재해 있다. 몇몇 개미 종種 중에는 벡터 합산 능력이 있는 게 아닌지 의심되는 종들도 있다. 몇몇 사막개미*Cataglyphis fortis*는 개미집에서 나와 지그재그 형태로 전진하면서 먹잇감을 찾는다. 먹이를 찾기 위해 100미터 떨어진 곳까지 전진하기도 한다.

먹이를 발견하고 집으로 돌아올 때는 지그재그 코스를 선택하지 않는다. 이는 집이 시야에 들어오지 않을 때도 먹잇감에서 집까지의 직선코스를 감지하는 능력이 있다는 뜻이다. 개미의 뇌 속에 장착된 특정 신경세포들 덕분에 가능한 일이다. 개미는 먹이를 찾기 위해 집에서 나올 때 신경세포 덕분에 빛이 들어오는 방향을 인지하고, 이로써 지그재그로 방향을 바꿀 때마다 현재 위치에서 집의 방향을 기억한다. 먹잇감에 도달하고 나면 집 바로 앞에서 입력된 방향 지시 화살표 하나만 180도 뒤집은 뒤 먹잇감 포착지점에서 직선코스로 다시 집으로 되돌아온다.

개미가 인간보다 직선코스에 있어 더 나은 감각을 보유한다. 인간의 직선코스 감각은 여러 차례 방향을 틀고 나면 금세 희미해진다. 몇 번만 방향을 틀었을 뿐인데 어디가 어디인지 몰라서 같은 블록만 뱅뱅 도는 이들도 적지 않다.

누가 감히 체취를 폄하하는가!

개미도 최단거리를 선호한다. 예컨대 먹잇감을 찾을 때도 가장 짧은 길만 가고 싶은 게 개미의 본능이다. 개미 떼들은 먹잇감을 사냥할 때 일군의 정찰대를 파견한다. 먹잇감을 발견한 정찰대는 각자가 짊어지거나 밀 수 있는 만큼의 먹이만 포획한 채 집으로 돌아온다. 돌아올 때는 직선코스를 선택한다. 정찰대 개미는 그 코스에 자신들의 체취를 남긴다. 나머지 개미는 강렬하게 풍기는 그 체취를 따라간다. 그게 최단거리이다. 이때 두번째 개미 떼가 그 코스에 체취를 한 번 더 남기기 때문에 해당 코스에 새겨진 체취는 더 강해진다. 개미의 먹이사냥 체계는 자체 강화 능력을 지니고 있다.

21

지수백오프 방식의 인내심 장착하기

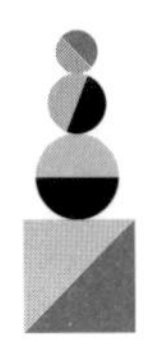

조급함은 대부분 그릇된 해결책이다.
반면에 지수백오프 방식의 인내심 발휘는
사회 구성원들의 공생에 큰 도움을 주는 대안이다.

오래전 알고 지내던 파울이라는 친구가 있다. 뭔가를 쓰는 걸 극도로 귀찮아하던 친구다. 당시는 종이 서신을 교환하던 시절이었다. 내가 그 친구에게 편지를 가끔 보내도 답장받을 확률은 매우 낮았다. 편지를 받았는지, 못 받았는지 기별이 없을 확률이 더 높았다. 그럴 때면 파울과 나 사이의 통신 중단 사태가 영원히 이어질지 모르겠다는 생각도 들었다. 그렇게 한참 지나고 나면 어느 날 편지 한 통이 도착했다. 편지는 대개 오랫동안 소식을 전하지 못해서 미안하다는 사과로 시작했다. 소식이 늦어진 이유로 주로 지나친 스트레스, 이사, 이직 등을 꼽았다. 게으른 자신과 연락의 끈을 놓지 않아 고맙다는 말도 잊지 않았다.

편지를 보내고 답장이 오기까지 기다려야 하는 시간은 점점 더 길어졌다. 친밀한 관계를 유지하기 힘들었다. 답장을 받기까지 시간이 길어질수록 다시 편지를 보내고 싶은 마음은 줄어들었다. 그런데도 나는 파울의 늦은 답장에 다시금 꾸역꾸역 답장을 보냈다.

내가 보내는 편지는 말하자면 고장 난 레코드판을 처음부터 다시 재생시키는 리셋 버튼 같은 것이었다. 나도 편지 쓰기를 중단했다. 힘든 결정이었다. 내가 먼저 편지를 쓰지 않으면 파울의 소식을 영영 듣지 못할 게 뻔했기 때문이다. 지금은 후회한다. 그때 다시 한 번 편지를 보낼걸…… 하지만 당시 내 인내심은 완전히 한계를 드러낸 상태였다.

인내심의 밑바닥

누군가의 인내심을 시험하지 말자. 인내심이 강한 사람도 지나치게 오래 참다 보면 인내심의 밑바닥을 드러내고 만다.

장면을 바꾸어 20세기 미국의 사법제도를 잠깐 살펴보자. 당시 미국에는 유죄 선고를 받고 집행유예로 풀려난 사기꾼이 다시 죄를 저지르더라도 판사가 눈감아주는 관행이 있었다. 경범죄일 때는 훈방 조치에 그쳤다. 몇 차례까지 으레 훈방 조치로 끝났다.

어느 순간 판사가 더는 못 참겠다 싶을 때가 오면 해당 사기꾼은 철창 신세를 면할 수 없었다. 감방에서 보내야 하는 시간도 꽤 길었다. 참고 또 참아온 판사의 인내심과 관대함이 초스피드로 곤두박질쳐버린 것이다.

2001년 어느 판사가 지금까지의 관행과는 다른, 완전히 새로운 길을 개척했다. 해당 판사는 죄질이 가볍더라도 집행유예를 선고하지 않았다. 대신 초범이면 구류 1일을 선고하고, 두번째는 2일, 세번째는 1주일, 그 다음부터는 최근 구류 기간의 2배를 선고했다. 학자들의 분석 결과, 몇 번을 참다가 갑자기 긴 기간을 선고하는 것에 비해 이 방식을 활용했을 경우의 재범률이 절반 이하로 떨어졌다.

한 가지 사례를 더 들어보겠다. 컴퓨터 단말기 2대가 동시에 통신을 시도할 때, 컴퓨터 부품 간의 시그널을 전달하는 케이블의 집합체, 즉 버스bus 충돌이 발생할 확률은 100퍼센트이다. 단말기의 데이터패킷 전송이 중단되는 것이다. 두 단말기가 다시 데이터 전송을 시도한다. 이번에는 즉시 전송을 시도하거나 100만분의 1초를 기다렸다가 전송을 시도할 확률이 50 대 50이다.

또다시 충돌이 일어난다면 두 단말기가 우연히, 동시에 전송 시도를 했다는 뜻이다. 두 단말기가 세번째로 전송 시도를 한다. 이번에는 각 컴퓨터가 100만분의 0이나 100만분의 1, 혹은 100만분의 2나 100만분의 3초의 대기시간을 가진 뒤 전송을 시작한다. 각 단말기가 어떤 대기시간을 선택할지는 우연으로 결정된다. 이번에도 패킷 전송에 실패할 경우, 다음번 시도에서 두 단말기는 100만분의 0~7초 중 하나를 선택한 뒤 그만큼의 대기시간 후에 전송을 시작한다. 이 경우 선택지는 8개이다. 다시 말해 단말기가 임의로 선택할 수 있는 대기시간이 총 8가지인 것이다. 또 실패할 경우, 그다음 단말기가 고를 수 있는 대기시간은 총 16가지로 늘어난다.

단말기의 전송지연시간, 즉 대기시간은 일정 간격의 타임슬롯time slots으로 구성된다. 각 타임슬롯의 간격은 극도로 짧다. 나아가 타임슬롯의 개수는 전송 시도에 실패할 때마다 2배로 늘어난다. 그러다 보면 언젠가는 성공적으로 패킷을 전송할 수 있다.

컴퓨터 전문가들은 이러한 과정을 두고 '지수백오프exponentail backoff' 방식이라 부른다. 지수백오프는 무한한 인내심을 대표적으로 보여주는 사례다. 지수백오프를 구현할 경우, 재시도 때마다 데이터 전송을 위한 대기시간의 가짓수가 2배씩 늘어나기 때문에 충돌 가능성은 급속도로 줄어든다.

한 가지 사례를 더 들겠다. 해커들이 특정 컴퓨터에 접근하기 위해 자주 활용하는 방식이 있다. 바로 '사전단어공격dictionary attack'이다. 이때 공격용 소프트웨어는 사전의 모든 단어를 비밀번호 입력란에 순차적으로 넣는다. 최근 들어 지수백오프를 통해 해커들의 공격을 방지하는 기술이 자주 활용되고 있다. 즉 비밀번호 입력 오류가 발생할 때마다 다음번 로그인 시도를 할 때까지의 대기시간을 2배씩 늘리면서 네트워크의 보안체계를 강화하는 것이다.

그렇다, 지수백오프는 해커들의 공격에 효과적으로 제동을 걸 수 있다. 로그인에 실패할 때마다 대기시간이 2배씩 늘어난다는 말은 곧 총 대기시간이 기하급수적으로 늘어난다는 뜻이다. 심지어 해당 컴퓨터나 아이디의 진짜 주인조차도 해커들에게 공격당한 시스템이 계속 로그인을 거절하는 상황과 맞닥뜨릴 수 있다.

지수적 진행 과정이 얼마나 큰 폭발력을 지니는지를 보여주는 이야기가 있다. '밀알의 전설'이라고도 불리는 재미있는 이야기인데, 체스의 기원과도 관련이 있다. 서양 장기, 즉 체스는 4세기 인도의 브라만 시사 벤 다히르Sissa Ben Dahir가 발명한 게임이다. 브라만에게는 소원이 있었다. 국왕인 시르함에게 아무리 말단 신하라 하더라도 모두 소중하다는 사실을 넌지시 알려주고 싶었다. 이를 위해 다히르는 시르함에게 체스 두는 법을 가르쳤고, 체스에 매료된 시르함은 다히르에게 뭐든 들어줄 테니 무엇이든 말해보라고 했다. 제아무리 커다란 소원도 들어주겠다는 뜻이었다.

체스 마니아라면 다히르의 소원 속에 담긴 뜻을 쉽게 알 수 있을 것이다. 다히르는 체스 판의 첫번째 칸에 올려놓을 밀알 한 개와 두번째 칸에 올려둘 밀알 2개, 세번째 칸에 올릴 4개를 하사해달라고 빌었다. 그렇게 앞으로 나아갈 때마다 밀알의 수를 2배로 올려서, 체스판의 64개 칸 모두를 채울 수 있을 만큼의 밀알을 달라고 요청했다.

시르함 왕은 브라만의 '보잘것없는' 소원에 실망했다. 하지만 재정담당관이 계산해본 결과, 약 2000경 개에 달하는 밀알을 줘야 한다는 사실을 알게 되었다. 밀알 한 개의 무게가 0.05그램이라 가정했을 때 왕이 다히르에게 줘야 할 밀알은 전 지구상에서 수확되는 밀알 무게의 1000배에 달할 만큼 많은 양이었다!

시르함 왕은 결국 백기를 들 수밖에 없었다. 학식 높은 브라만 다히르는 왕에게 엄청난 교훈을 주었다. 아주 작은 숫자가 얼마나 큰 폭발력을 지니고 있는지를 가르쳐준 것이었다.

우리끼리 얘기지만, 만약 시르함 왕이 머리가 조금만 더 돌아가는 사람이었다면 항복하지 않았을 것이다. 다히르에게 밀알을 직접 세라고 하면 그만이기 때문이다. 그러면 디르함이 결국 항복해야 한다. 1초당 밀알 한 개씩을 셀 수 있다고 가정할 때, 다히르는 6000억 년 동안 밀알만 세야 한다. 지구 나이의 100배가 넘는 세월이 필요한 것이다.

특정 숫자가 매회(혹은 일정한 시간 간격마다) 같은 배수로 늘어날 때 우리는 '기하급수적 증가' 혹은 '지수적 증가'라고 말한다. 이러한 지수적 성장 추세는 다양한 분야에서 관찰된다. 예컨대 인구증가율이 그중 하나이다.

1804년에 전 세계 인구수가 10억 선을 돌파했다. 인류 태동 이래 수십만 년이 지난 이후에야 그 수치에 도달한 것이다. 그 수가 20억으로 늘어나기까지 걸린 시간은 123년밖에 되지 않는다(1927년). 그로부터 33년이 지난 1960년에는 30억 능선을 넘었고, 14년 뒤인 1974년에는 40억, 1987년에는 50억, 1999년에는 60억, 2011년에는 70억 고지를 넘어섰다.

체스판을 채울 밀알의 수와는 달리 현실 속 밀알의 수확량은 기하급수적이 아니라 점진적으로 늘어난다. 영국의 경제학자 토머스 로버트 맬서스Thomas Robert Malthus는 18세기에 세계 인구의 기하급수적 증가로 인해 인류가 대위기에 처할 것이라 경고한 바 있다. 완만한 상승곡선을 그리는 식량 생산량이 인구수의 증가를 따라잡지 못할 것이라 우려한 것이다. 맬서스의 경고는 지금도 식량 위기 때마다 거론할 정도로 시사성이 높다.

어쨌든 우리 일상생활 속에서는 지수적 증가 과정, 즉 기하급수적 진행 과정이 도움을 줄 때가 많다. 편지로 소통하는 방식은 이미 사양길에 접어든 것 같으니 이메일로 소식을 주고받는 상황을 예로 들어보자. 내가 좀체 답장을 보내지 않는 어느 친구에게 이메일을 한 통 보낸다. 답장이 도착하기까지 일정 시간을 기다린다. 그 시간이 지난 뒤에도 답이 없으면 다시 이메일을 보낸다. 이번에는 대기시간을 2배로 늘린다. 그래도 답이 없으면 또 한 통을 보내고 다시 그 2배의 시간을 기다린다. 이메일을 보낸 지 1년이 지나도 분명 답이 없을 수 있다. 웬만해선 그 친구와의 연을 완전히 끊지 않을 것이다. 지수백오프 방식을 적용하기 때문에 갑자기 분노가 폭발하는 사태나 '눈에는 눈, 이에는 이'라는 복수심이 차오르는 사태의 발생 확률이 낮기 때문이다. '기하급수적 인내심' 덕분에 평생지기에게 등을 돌리는 사태는 발생하지 않는 것이다.

자주 찾는 단골식당이지만 어떤 날은 실망할 때가 있다. 그럴 때 우리는 대개 '패자부활전'의 기회를 한 번 준다. 물론 내일 당장 그 식당을 다시 찾는 대신 일정 시간이 지난 다음에 다시 그곳에 들른다. 그때도 맛이 없으면 2배의 시간을 더 기다린 다음에 다시 그곳으로 발길을 향해보는 것은 어떨까?

지수백오프 방식의 인내심 발휘는 사회 구성원들의 공생에 큰 도움을 주는 대안이다. 적어도 '아악, 나도 똑같이 갚아주겠어!'라며 분노를 폭발하는 것보다는 훨씬 부드러운 갈등 해소 방식이다. 알다시피 '이제 끝이야!'라며 결별 선언하는 것보다 배려와 인내심이 더 나은 결과로 이어질 때가 많다. 불교의 수도승을 한번 떠올려보시라. 운전 중인 어떤 스님이 있다고 치자. 지금은 신호대기 중이다. 파란불로 지금 막 신호가 바뀌었는데 스님의 앞차가 꿈쩍도 하지 않다가 몇 초 지난 다음에 꾸물거리며 출발한다.

차선책

즉각적 욕구 충족이 최선책이라면 무한한 인내심은 차선책이다.

그럴 때 운전대를 잡고 두 손을 부들부들 떨다가 결국 발작적으로 클랙슨을 누르는 스님이 과연 있을까? 나로선 상상하기 힘들다. 스님은 앞사람이 출발하기를 조용히 기다릴 것이다. 우리도 그렇게 해보면 어떨까? '인내심 근육'을 단련시키면 어떨까? 별것도 아닌 일에 과민하다가 인내심 근육이 찢어지면 결국 나만 손해 아닐까? 진짜로, 진짜로 피가 거꾸로 솟구칠 만큼 화가 나더라도 자신이 영화배우라고 생각하고 인내심이 있는 척 연기라도 해보기 바란다. 지금부터 우리 모두 수도승 역할에 충실하자. 지수백오프 방식의 인내심은 분명 급작스러운 폭발보다는 훨씬 평화로운 해결책이다.

22

최선의 결정을 내리기 위한 각종 원칙

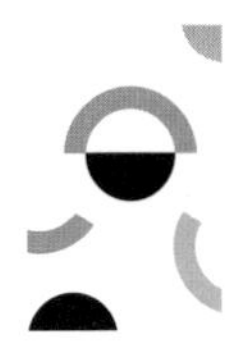

경제학자 사라스 사라스바티는 창의적인 이들의 사고 패턴을 분석했다. 그는 이들이 '도구중심적 알고리즘'에 기초해 사고한다는 것을 밝혀냈다.

요한이 요리하고 있다. 대충 뭔가를 뚝딱 만드는 게 아니다. 셰프라 불러도 좋을 만큼 모든 것을 철저히 계산한다. 어떤 식재료를 정확히 언제 볶아야 나중에 불을 줄였을 때 그 식재료가 다른 재료들과 잘 섞일지도 훤히 알고 있는 듯하다.

나도 주방에서 가끔 뭔가를 만든다. 하지만 내 요리 방식과 요한의 요리 방식은 하늘과 땅 차이이다. 요리 철학이 서로 다르다고 해도 좋을 정도다.

나는 일단 무엇을 만들 것인지 고민한다. 먹고 싶은 메뉴를 결정하면 인터넷에서 조리법을 검색하고, 핵심 사항들을 메모한다. 다음으로 냉장고를 열어 어떤 식재료들이 있는지 확인하고, 필요한 식재료들을 산다. 그다음 본격적으로 재료 손질과 요리에 돌입한다.

요한은 냉장고나 주방에 보관한 식재료를 표시한다. 그다음 그 재료들을 이용해 식사를 준비한다.

내 요리 방식은 목표지점에 초점을 맞추고 있다. 여행 목적지를 먼저 확인한 뒤 필요한 도구를 조달한다. 그런 의미에서 내 요리 방식은 '목적지향적 알고리즘'을 따른다. 일단 목표를 정하고, 목표에 도달하기 위한 계획을 짜고, 그 계획을 실행에 옮기는 것이다.

반면 요한의 요리 방식은 실행단계에서 출발한다. 아직 목적지가 어디인지는 모른다. 자신에게 주어진 재료가 무엇인지만 알고 있을 뿐이다. 요한의 요리 방식은 '도구중심적 알고리즘'에 기초한다. 주어진 도구 속에서 목적지가 탄생하는 방식이다. '지금 내가 가진 도구들이 뭐가 있지? 이걸로 뭘 할 수 있지?'가 여행의 출발점이다. 최종적 결과물의 정확한 모습은 요한 자신도 아직 모른다.

경제학 전문가 사라스 사라스바티Saras Sarasvathy는 위와 유사한 상황을 가정한 뒤 창의적 발상을 지닌 이들과 주어진 일을 묵묵히 수행하기만 하는 이들의 사고 패턴을 분석했다. 복잡한 과정 설명은 생략하고 결론을 밝히자면, 사라스바티는 요한과 같은 사고방식이야말로 성공한 최고 경영자들이 사업계획 시 주로 활용하는 방식이라 주장했다.

성공한 경영자들은 기획단계에서 미리 목표지점을 설정하지 않는다.

미래에 일어날 일을 열어두는 것이다. 이 경우, 예측하지 못했던 다양한 상황들이 개입할 수 있다. 최고 경영자들인 만큼 그간 쌓은 경험이 있으니 어느 정도는 예측이 가능하겠지만, 현재 단계에서는 상상할 수 없는 부분이 상당히 많을 것이다.

미지수[2]

"알려진 확실한 일들이 존재합니다. 우리가 알고 있다는 사실을 알고 있는 일들이 있다는 뜻입니다. 우리는 또 알려진 불확실한 일들이 존재한다는 것도 알고 있습니다. 우리가 모르는 일들도 있다는 것을 우리가 알고 있다는 뜻입니다. 하지만 알려지지 않은 불확실한 일들도 존재합니다. 우리가 모른다는 사실조차 모르는 일들도 존재합니다."

– 2002년, 이라크전쟁에 관한 기자회견에서 도널드 럼즈펠드Donald Rumsfeld 미 국방부 장관이 제시한 답변

요한의 요리는 예술의 경지에 가깝다. 요리의 최고 경지는 요리 과정을 최대한 단순화하는 것에 있기 때문이다. 그렇다, 선禪, zen 사상을 실행에 옮기는 것이야말로 요리를 예술로 승화시키는 행위이다. 요리란 대개 정해진 조리법을 따라가는 과정을 뜻한다. 하지만 요리의 예술에는 더 많은 것이 담겨 있다. 어떤 요리가 예술인지 아닌지를 판별하려

면 요리사가 단순히 조리법만 따라갔는지, 창의성을 발휘해 자기만의 식단을 재창출했는지를 살펴야 한다.

위 사례에서 말하는 '예술적 요리'는 오늘날 경제학에서 말하는 '기업가적 접근법entrepreneurial approach'이라 할 수 있다. 다시 말해 요한의 요리예술 속에 현대사회의 기업가가 마음에 새겨야 할 많은 내용이 담겨 있는 것이다. 그중 5가지 중대 원칙을 소개해보겠다.

1) '손안의 참새' 원칙: 모든 일에는 완벽한 때가 있다. 하지만 지붕 위의 비둘기만 기다리다가는 손안의 참새마저 놓쳐버린다. 완벽한 때만 기다리다가는 많은 기회를 놓칠 수 있다. 우선은 눈앞에 놓인 것, 손에 쥐고 있는 것들에서 무언가를 시작해보자.

2) '레모네이드' 원칙: 인생이 내게 시다 못해 쓰기까지 한 레몬들을 안겨줄 때가 있다. 그럴 때 불평할 게 아니라 레모네이드를 만들어 마시면 어떨까? 내가 바라던 것과 정반대인 일이 발생했을 때 절망에 빠지는 대신 거기에서 최상의 결과를 내는 방법을 모색하자는 것이다. 경직되지 않은 사고, 유연한 사고를 지니고 있으면 '알려지지 않은 불확실성'에 충분히 긍정적으로 대처할 수 있다. 필요하다면 목표를 수정해도 좋다. 포스트잇 메모지를 발명한 사람도 원래는 초강력 접착제를 만드는 것이 목표였다. 하지만 자신이 발명한 접착제의 접착력이 충분하지 않은 걸 확인한 뒤 목표를 수정했다. 그렇게 어디든 쉽게 붙였다 뗄 수 있는 노란색 포스트잇 메모지가 탄생했다.

3) '운전석의 운전자' 원칙: 운전대를 직접 잡자. 핀볼 게임 속 쇠 구슬은 되지 말자. 행운과 불운을 직접 조종하고, 운명을 스스로 개척하

자. 닥쳐온 일들을 거부할 수는 없다. 하지만 거기에 대한 최선의 대응책은 찾을 수 있다. 이를 통해 많은 일을 자신이 원하는 방향으로 조종할 수 있다.

4) '퀼트 짜기' 원칙: 필요치 않은 도움과 조력을 미리 구할 필요는 없다. 대부분은 투자자나 협력파트너를 반드시 처음부터 확보해야 하는 것은 아니다. 일을 진행하다 보면 필요한 때가 온다. 그때 가서 구해도 늦지 않다. 퀼트를 짜듯 그때그때 필요한 항목들을 갖춰나간다.

5) '계란을 한 바구니에 담지 말라' 원칙: 한 가지 일에 모든 것을 걸어서는 안 된다. 분산해서 투자하는 것이 중요하다. 대부분이 실패로 돌아갔을 때도 부여잡을 수 있는 무언가를 하나쯤은 남겨두어야 한다. 그래야 그것을 발판으로 다시 일어설 수 있다.

밀려오는 압박감과 올바른 결정의 상관관계

네덜란드의 어느 연구팀이 내린 결론에 따르면, 인간은 배뇨감이 없을 때보다 방광이 찼을 때 더 올바른 결정을 내린다. 해당 연구팀은 방광에 밀려오는 압박감을 느낄 때면 더 긴장하고, 자제력을 더 많이 발휘하게 되며, 집중력이 더 강해진다고 설명한다. 즉 집중도가 높으니 더 올바른 결정을 내리거나 문제를 더 빨리 해결할 수 있다는 것이다. 그래서 하는 말인데, 앞으로 중대한 결정을 앞두고 있을 때마다 30분 전쯤 미리 물을 몇 사발 들이키시기 바란다.

칸트의 '정언명령categorical imperative'을 들어본 적이 있는지 모르겠다. '네 의지의 준칙이 항상 동시에 보편적 입법의 원리에 타당하도록 행위하라'는 내용인데, 도대체 뭔 말인지 모르겠다는 독자들을 위해 쉬운 말로 번역하자면 '네가 하려는 모든 행동의 원칙이 일상적으로 통용되는 법률과 항상 일치하게 하라'는 뜻이다. 위 5가지 원칙 중 마지막 원칙을 칸트에게 빗대어 말하자면 '실패를 딛고 일어설 기회를 놓치지 않는 방식으로 늘 행동하라'라는 '경제적 명령economical imperative'이라 할 수 있다.

어떻게 하면 눈앞에 보이는 구체적 상황에서 실패를 딛고 일어설 기회를 놓치지 않는 결정을 내릴 수 있을까?

우선 내 앞에 주어진 패들이 무엇인지 읽을 줄 알아야 하고, 각각의 패들을 선택했을 때 어떤 결과가 초래될지를 예측할 수 있어야 한다. 현재 내가 서 있는 갈림길에서 어떤 길을 선택하느냐에 따라 미래는 분명 달라진다. 어떤 갈림길, 즉 어떤 옵션을 선택하느냐에 따라 우리 눈앞에는 각기 다른 미래가 펼쳐진다.

예컨대 약간의 돈을 투자하는 상황을 가정해보자. 이 종잣돈으로 주식이나 연금보험에 투자하는 게 좋을까, 차라리 은행에 묶어놓는 편이 나을까?

주어진 옵션은 3가지이다. 예금통장과 연금보험, 주식투자가 그것이다. 우리의 선택에 따른 결과는 수익률이다. 그런데 수익률은 경기변동 상황에 따라 달라지고, 경기는 때로 좋아지기도 하고 나빠지기도 하고 현상을 유지하기도 한다. 주식에 투자할 경우, 경기가 호황이냐 멈춤세

냐 불황이냐에 따라 수익률이 120퍼센트, 60퍼센트 혹은 −30퍼센트라고 가정하자. 연금 연계상품의 경우는 30퍼센트, 60퍼센트, 90퍼센트이고, 예금의 경우는 40퍼센트, 40퍼센트, 40퍼센트라 가정하자.

경기가 살아날지 꺾일지를 미리 알 수만 있다면 얼마나 좋을까마는 현실은 그렇지 않다. 몇몇 경제연구소나 투자기관에서 호황을 예측했다고 해서 곧이곧대로 믿을 수는 없다. 같은 타이밍에 분명 불황을 점치는 연구소나 기관들도 있기 때문이다. 앞날을 전혀 예측할 수 없는 상황이다.

이럴 때 독자들은 어디에 투자할까? 그 답은 리스크를 바라보는 관점에 따라 달라진다. 리스크를 극도로 꺼려하는 사람, 리스크에 담담한 사람, 리스크를 신나는 모험으로 생각하는 사람 등 사람마다 가치관이 다르다.

리스크에 극도로 소심한 사람이라면 아마도 '최소극대화의 원칙maximin principle'을 따를 것이다. 주어진 선택지가 보장하는 최소 수익을 산출한 뒤, 그중 최소 수익이 가장 높은 옵션을 선택하는 것이다.

최소극대화 원칙은 최악의 상황을 염려하면서 최악 중에서 차악을 선택하는 비관적 관점의 원칙이다. 소심한 사람이라면 위에서 주어진 3가지 선택지 중 예금 옵션을 선택할 것이다.

반면 리스크를 즐기는 유형이라면 '최대극대화의 원칙maximax principle'을 따를 것이다. 주어진 선택지 중에서 최대치의 수익을 낳을 것으로 기대하는 옵션을 고르는 것이다. 최대극대화의 원칙은 도박꾼들이 좋아하는, 낙관적인 원칙이다. 최대의 수익을 낳는 상황이 반드시

올 것이라 희망하며 가장 높은 수익률에 베팅한다. 리스크를 즐기는 사람이라면 위에 3가지 옵션과 총 9가지 수익률 중 가장 높은 수치의 옵션, 즉 주식 투자를 선택할 것이다.

최소극대화의 원칙이나 최대극대화의 원칙에서는 각각의 선택지마다 단 한 개의 결과치(수익률)를 평가 대상으로 삼는다. 하지만 리스크를 특별히 선호하지도 혐오하지도 않는 이들은 '평균값 원칙average principle'을 따른다. 주어진 모든 선택지의 평균 수익률을 산출하고, 그중 평균값이 가장 높은 옵션을 선택하는 것이다. 이 그룹에 속하는 이들은 3가지 옵션 중 연금보험을 선택할 것이다.

그렇다면 3가지 옵션 중 어떤 옵션이 '경제적 명령'에 가장 충실한 것일까? 솔직히 나도 정확히 알 수 없다. 내가 질문을 던져놓고 속 시원한 답변을 못 줘서 미안하지만 적어도 한 가지는 분명하다. 주식 투자만큼은 피해야 한다는 것이다. 최악의 경우, 투자 원금을 깡그리 날리고 다시 일어설 기회가 없어질 수도 있다.

개인의 주관적 선호도에 따라 각기 다른 옵션을 선택할 수도 있다. 예를 들어 내가 스키광이라면, 올해 크리스마스가 화이트 크리스마스일 거라는 확신이 있다면, 크리스마스를 어떻게 보내는 게 가장 좋을까? 집에서 혼자 보낼까, 부모님과 함께 보낼까, 차라리 친구들과 스키를 타러 갈까? 나는 스키를 타러 가는 것에 70점을 줄 것이다. 부모님 집에서 시간을 보내는 것에는 −20점을 줄 것 같다. 차를 타고 이동하는 도중에 길이 막혀 진이 빠질 게 분명하기 때문이다. 집에서 혼자 지내는 것에는 10점을 주겠다. 지루하니까.

결론: 어떤 결정을 앞두고 있을 때면 선택 가능한 모든 옵션의 목록을 만들자. 그중 어떤 갈림길을 선택했을 때 어디에 도착할지 예측하고, 그 결과를 각각의 옵션 옆에 적어 넣자. 내가 어떤 유형인지 판단하자. 나는 과연 리스크를 즐기는 사람일까, 리스크에 중립적인 사람일까, 리스크를 극도로 겁내는 사람일까? 자신에게 가장 어울리는 결과를 선택하면 그걸로 일단은 끝이다.

그 결정에 커다란 행운이 따르길!

23

기적과 우연의 함수관계

얼토당토않은 어떤 일이 벌어질 수 있는 상황이
얼토당토않게 많이 발생할 경우, 결국 그 일도 언젠가는 일어날 수 있다.
수학에서는 이를 '대수의 법칙'이라고 부른다.

2002년 11월 20일. 갈리나Gallina 부부는 미국 복권 추첨에서 대박을 터뜨렸다. 먼저 남편인 안젤로Angelo가 '판타지 5' 게임에서 12만 6000달러에 당첨되었고, 그로부터 1시간 뒤 아내인 마리아Maria가 '슈퍼 로또 플러스' 1등에 당첨되며 1700만 달러를 벌어들였다.

장면을 바꿔보자. 1899년 11월 27일, 찰스 코글랜Charles Coghlan이라는 배우가 텍사스 갤버스턴Galveston의 어느 무대 위에서 사망했다. 1841년 캐나다 동부 해안의 프린스 에드워드섬Prince Edward Island에서 태어난 코글랜은 초청공연을 소화하고자 미국의 항구도시 갤버스턴을 방문했다. 안타깝게도 코글랜은 그곳에서 숨을 거두었고, 철제 관에 묻힌 채 그곳 묘지에 안장되었다.

1년 뒤 허리케인이 갤버스턴 연안을 덮쳤다. 강풍은 코글랜이 묻혀 있던 묘지도 완전히 쓸어내버렸다. 코글랜의 관은 멕시코만 연안을 따라 플로리다 방향으로 떠내려가다가 멕시코만류를 타고 북쪽으로 이동했다. 1908년 말, 프린스 에드워드섬에서 작업 중이던 어느 어부가 뭍으로 밀려온 기다란 상자 하나를 발견했다. 코글랜의 시신이 누워 있는 관이었다. 코글랜의 시신은 약 5000킬로미터를 떠다니다가 거의 10년 만에 고향으로 돌아왔고, 세례를 받은 성당에서 장례식이 한 번 더 거행되었다. 이 정도면 기적이라 부를 수 있지 않을까? 종교적 의미에서는 기적이 아닐지 몰라도 최소한 수학적으로는 기적이라 부를 만하다. 영국의 수학자 존 리틀우드John Littlewood는 발생 확률이 100만분의 1보다 낮은 모든 사건을 '기적'이라 말한 바 있다.

암 완치율 기준으로는 조금 부족한 기적

기적의 성지라 불리는 프랑스의 순례지 루르드Lourdes에서는 지난 150년 사이에 4명의 중증 암 환자가 씻은 듯이 낫는 사례가 발생했다. 가톨릭 교단에서는 이를 두고 '기적'을 거론하기 시작했다. 갑자기 사라진 종양에 대해 의학적 조사도 이뤄졌지만, 결론은 '알 수 없다'라는 것이었다. 그런 일이 일어날 확률은 매우 드물다. 20만 명 중에 한 명꼴이 될까 말까 한 정도이다. 그동안 1억 명 이상이 루르드를 찾았다. 조심스레 예측해보건대 그중 5퍼센트는 아마도 암 치료를 위해서였을 것이다. 1억 명이 방문했고, 그중 5퍼센트가 암 환자였다면, 10년당 최소 2명은 알 수 없는 이유로 씻은 듯이 암이 나아야 정상이다. 실제로 150년 동안 4명만이 암이 치료되는 은사恩賜를 입었다. 발생확률이 낮아서 기적이라 부르는 것이겠지만, 그래도 암 치유율만큼은 좀 더 높았으면 한다.

갈리나 부부에게 찾아온 행운이나 코글랜의 이야기는 한 세기에 한 번 날까 말까 한 일들이다. 그중 로또 대박 사연은 그나마 계산이 가능하다. 로또 추첨의 세계는 비교적 '작은 세계'이기 때문이다. 로또에서는 하나의 숫자조합을 선택했을 때 당첨 확률이 어느 정도인지를 대충은 알 수 있다. 갈리나 부부의 경우 복권은 총 두 장, 고른 숫자는 총 11개였다. 그리고 그 둘이 한꺼번에 당첨될 확률은 24조분의 1이었다.

그런데 이 수치는 '부부'가 '같은 날' 당첨된다는 상황이 반영되지 않은 수치이다. 그 두 요소까지 반영할 경우, 부부가 같은 날 당첨될 확률은 무려 1해분의 1로 치솟는다(1해 = 100억 × 100억).

실로 천문학적인 수치이다. 지금도 전 세계 수많은 이가 저마다 마음에 드는 숫자조합을 선택하며 로또를 산다. 언젠가, 어떤 부부가, 1시간 간격을 두고 로또 1등에 당첨될 확률은 과연 얼마나 될까.

어느 어림셈법에 따르면, 그런 일이 한 세기에 한 번 벌어질 확률이 50 대 50이라 한다. 어처구니없는 일이 벌어지는 상황이 어처구니없게 많이 발생할 경우, 어처구니없는 일이 언젠가는 나타날 수 있다는 것이다. 이를 두고 수학에서는 '대수의 법칙law of large numbers'이라 부른다. 극도로 극단적인 일이라 할지라도 어떤 상황이 극단적으로 반복되면 해당 사건이 발생할 확률이 절반에 가까워진다는 것이다.

믿기지 않는 우연들 속에는 신비함이 있다. 종교적, 이념적 성향에 따라 그 뒤에 전지전능한 힘이 숨어 있다고 주장하는 이들도 있다. 그런 이들에게 극단적 우연이 발생할 경우, 대개 강력한 심경의 변화가 동반된다.

스위스가 낳은 걸출한 정신의학자 카를 구스타프 융Carl Gustav Jung은 우연의 일치가 초래하는 심리적 파장에 관해 연구했다. 융은 의미심장한 2가지 사건이 우연히 동시에 일어나는 상황을 '동시성synchronicity'이라는 말로 설명했다. 융 자신도 동시적 사건을 체험한 적이 있었다. 그중 학문적 동료인 지그문트 프로이트Sigmund Freud와 함께 겪은 일은 정말이지 신기했다고 한다.

위대한 정신의학자들이 프로이트의 작업실에서 대화를 나눈다. 그들은 '초감각적 지각extrasensory perception' 논쟁을 벌이고 있다. 프로이트는 합리적인 성격이고, 융은 의미심장한 동시성을 굳게 믿는 학자이다. 프로이트가 말한다. "자네 말은 지금 이 순간 내가 책장이 폭발할 거라 생각했는데, 실제로 그 일이 일어난다는 거 아닌가?" 그런데 그때 설명할 수 없는 이유로 프로이트의 책장에서 폭발성 굉음이 났다.

융이 흥분해서 말한다. "봤지? 저게 바로 동시적 현상이 일어날 수 있다는 증거일세!" 프로이트는 "가당치도 않아!"라며 반박한다. 융도 지지 않고 맞선다. "아냐, 이번엔 자네가 틀렸어! 내 말이 맞는다는 걸 증명하기 위해 이렇게 말하지, 자네 책장에서 다시 한 번 쾅 하는 소리가 들릴 거라고 말일세!"

그러자 실제로 프로이트의 책장에서 다시 쾅 하는 소리가 들려온다.

요즘 학계에서는 그 사건을 두고 희소한 우연의 일치에 지나지 않는다고 치부할 것이다. 하지만 이름난 물리학자 중에도 융과 의견을 같이 하는 이들이 있다. 대표적 인물은 노벨물리학상 수상자인 볼프강 파울리Wolfgang Pauli일 것이다.

파울리는 융의 동시성 이론이 충분한 개연성이 있다고 믿었다. 자신이 그와 비슷한 우연의 일치를 자주 겪었기 때문이다. 파울리가 겪은 우연의 일치들 대부분은 자기가 그 자리에 있으면 이상하게도 각종 기기가 고장 난다는 것이었다.

어느 날 파울리가 카페에 앉아 통유리창 너머에 주차된 자동차를 쳐다보고 있었다. 파울리의 말에 따르면, 어떤 신비한 힘이 자신의 시선을 그 차량 쪽으로 끌어당기는 것 같았다. 그런데 갑자기 그 차에 아무 이유 없이 불이 붙었다.

그냥 그랬다. 파울리가 그 자리에 있거나 지나가기만 해도 각종 집기가 고장이 나거나 깨지거나 불이 붙는 등 다양한 문제가 발생했다. 요즘은 그런 상황을 두고 '파울리 효과'라는 말을 쓰기도 한다. 파울리 자신도 파울리 효과가 실제로 존재한다고 믿었다. 심지어 자신에게 사건 사고를 발생시키는 '염력'이 있다는 것을 매우 자랑스러워했다는 뒷소문도 있다.

인생은 원래 그런 것!

우연이 개입하지 않는 소설은 얼마나 따분할까? 더는 해결책을 찾지 못하는 바로 그때 오래전에 집을 나간 형이나 실종된 연인이나 사망했다고 알고 있던 지인이 귀신처럼 나타나지 않는다면 꼬여버린 이야기를 어떻게 풀 수 있을까? 미국의 소설가 폴 오스터Paul Auster는 자신의 작품들이 터무니없는 우연들로 가득하다고 생각하지 않느냐는 질문에 이렇게 답했다. "내 작품들이 아무래도 억지스러운 면이 조금 있겠죠. 하지만 인생이 원래 그런 것 아닌가요?"

1913년 8월 18일, 몬테카를로의 카지노에서 전무후무한 희대의 사건이 일어났다. 해가 진 뒤 카지노의 룰렛 테이블 위에 놓인 구슬이 무려 26번 연거푸 검은색 칸에 떨어진 것이다. 룰렛 판 위에는 0부터 36까지 총 37개의 숫자가 있고, 그중 검은색은 18개이다. 위와 같은 일이 일어날 확률은 $(18/37)^{26}$퍼센트, 즉 1억분의 1이다. 전 세계적으로 한 세기에 룰렛 판이 돌아가는 총횟수도 1억 회쯤이다. 수치로만 따지자면 100년에 한 번은 몬테카를로의 기적이 일어나야 정상이라는 뜻이다.

도박사들의 이야기는 평범한 사람들과는 거리가 먼 편이니 우리 생활과 좀 더 가까운 사례를 들어보겠다. 어느 쌍둥이 형제가 태어난 직후 각기 다른 집으로 입양을 갔다. 두 형제의 양부모는 서로 모르는 사이였다. 두 부모 모두 아이의 이름을 제임스라고 지었다. 성장한 이후 선택한 직업도 비슷했다. 한 명은 보안관이 되었고, 다른 한 명은 경비원이 되었다. 둘 다 공공의 안전을 책임지는 직업에 종사했다. 두 형제가 결혼한 여성의 이름도 '린다'로 똑같았고, 둘 다 이혼했으며, 둘 다 '베티'라는 이름의 여성과 재혼했다. 그중 한 명은 자기 아들의 이름을 제임스 앨런James Allan으로 지었고, 나머지 한 명은 'l'이 하나 빠진 제임스 앨런James Alan으로 지었다. 마치 거울을 보고 따라한 듯한 인생이 아닌가?

이 기막힌 우연을 다룬 기사에서는 두 형제의 닮은 점이 몇백 개에 이른다고 주장했다. 서로 다른 점에 대해서는 일말의 언급이 없었다. 어쩌면 두 형제의 결혼 연령이 서로 다르지 않았을까? 초혼 때의 연령뿐 아니라 재혼 때의 연령도 서로 다르지 않았을까? 혹은 둘 중 하나는 재혼한 부인과도 이혼하고, 한 번 더 결혼하지 않았을까? 취미가 다르고, 타고 다니는 차가 다르고, 좋아하는 운동 종목에 차이가 있고, 다룰 줄 아는 악기가 서로 다르지 않았을까? 제임스 앨런이라는 이름의 아들만 제외하고는 나머지 자녀들의 이름은 서로 다르지 않았을까? 두 형제의 차이점에 대한 의문을 제기하는 이 질문 목록은 무한대로 연장이 가능하다. 물론 기사에서 언급된 공통점들이 놀랍지 않다는 뜻은 아니다.

적어도 차이점에 대한 의문을 함께 제기하면 처음 기사를 접했을 때의 '오오, 이럴 수가!'라는 감정이 조금 누그러지는 것은 사실이다. 나아가 기적과 우연의 함수관계를 다시 한 번 숙고하게 된다.

독자들도 분명 말도 안 되는 우연의 일치를 경험한 적이 있을 것이다. 입이 딱 벌어졌지만 무슨 말을 해야 좋을지 모르는 상황이 있었을 것이다. 예컨대 지금 막 엄마 생각을 하고 있는데 전화벨이 울려서 받아보니……. 그렇다, 엄마의 전화였다!

존 리틀우드가 말한 기적적인 상황, 즉 100만분의 1의 상황이 벌어진 것이다. 참고로 리틀우드는 '리틀우드의 기적의 법칙Littlewood's law of miracles'을 개발했다. 리틀우드는 평범한 사람이 일상적 상황에서 한 달에 한 번 기적을 경험하는 일은 보편적이라고 설명한다.

그 근거도 제시했다. 우리가 능동적으로 어떤 활동을 할 때면, 다시 말해 자거나 졸거나 아무 생각 없이 기계적으로 무언가를 할 때가 아닌 나머지 시간에는 1초당 하나의 사건이 발생한다. 매일 10시간을 능동적으로 산다고 가정했을 때 한 달이면 대략 100만 건의 사건이 발생하는 것이다. 100만 건 중의 한 건은 아마도 100만분의 1의 확률을 지닌 사건, 즉 기적일 것이다. 따라서 한 달에 한 번 기적을 경험하는 것이 대단한 일이 아니다. 잠시 기억을 되짚어볼까? 지난 한 달 사이에 내게는 어떤 기적이 벌어졌더라? 독자들은 어떨까? 만약 체험했다면 그 기적이 불편한 기적, 불쾌한 기적은 아니었길 바란다.

결론: 뜻밖의 일, 정말로 신기한 일, 말도 안 되는 우연의 일치가 내게 일어났다고 해서 신비한 힘이나 전지전능한 신에게 귀의할 필요는

없다. 먼저 존 리틀우드가 한 말과 리틀우드의 기적의 법칙을 떠올리자. 기적은 언제, 누구에게든 충분히 일어날 수 있다.

24

주먹구구식 해법

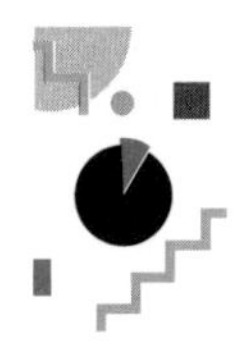

주먹구구식 해법에서는 어떤 사안을 두고
오랜 시간 고민하거나 분석하지 않는데, 이 방식은 특히 주어진 정보가
너무 적거나 지나치게 많을 때 더 유용하다.

암컷 극락조들은 아주 단순한 방식으로 짝짓기 대상을 선택한다. 구애하는 수컷 무리 중에서 가장 화려한 깃털을 지닌 수컷을 낙점하는 것이다.

행동생물학에서는 수컷 극락조의 화려한 깃털을 '핸디캡 이론'으로 설명한다. 자기를 가꾸고 꾸미려면 부지런해야 한다. 화려한 용모를 유지하는 일은 분명 피곤하고, 불편하고, 귀찮은 일, 즉 일종의 핸디캡이다. 화려한 깃털을 지닌 수컷은 그 모든 고단함과 수고, 즉 핸디캡을 감당할 만한 체력과 뛰어난 유전자를 지니고 있다고 보는 것이다.

행복한 패배자

개인적으로 암컷 대서양 송사리에게 커다란 감사를 표하는 바이다. 그 송사리 암컷은 수컷 두 마리 중 싸움에서 진 수컷을 더 선호하기 때문이다.

경험에 근거한 '어림짐작의 법칙rule of thumb'은 어디에나 존재한다. 학계에서는 이러한 직관적 결정 방식을 두고 '휴리스틱heuristics'이라는 말을 쓰기도 한다. 주먹구구식 해법에서는 어떤 사안을 두고 오랜 시간 고민하거나 분석하지 않는데, 이 방식은 주어진 정보가 너무 적거나 지나치게 많을 때 특히 유용하다.

어떤 분야의 전문가는 지식과 경험을 두루 갖추어야 할 뿐 아니라 어림셈법에도 능통해야 한다. 때로는 말로는 설명할 수 없지만 분명 옳다고 판단하는 사안들이 있기 때문이다. 병아리 감별사라는 직업을 예로 들어보자. 병아리 감별사에게 섬세하고도 특별한 손 감각은 필수적이다. 그래야 지금 막 부화한 병아리들의 성별을 구분해낼 수 있기 때문이다. 원래 하려던 얘기와는 조금 다르지만, 감별이 완료된 수평아리들은 안타깝지만 살처분당하고 만다.

생닭 공급업체의 수익률은 병아리 감별사가 부화 직후 얼마나 빨리 수컷과 암컷을 구분하느냐에 달려 있다고 해도 과언이 아니다. 산란계가 되지 못할 수컷들을 살려두면 엄청난 사룟값을 허비해야 하기 때문이다. 문제는 성별 감별이 생각만큼 쉽지 않다는 것이다. 갓 부화한 암평아리와 수평아리는 맨눈으로 보기에는 거의 차이가 없다. 아주 미세한 차이가 있기는 하나 맨눈으로 쉽게 식별할 정도는 아니다. 그런데도 숙달된 감별사들은 하루 13시간을 일했을 때 1500마리의 성별을 감별해낸다. 감별사들한테 비법을 물어보면 대개 "말로는 설명할 수 없다"라는 대답이 되돌아온다.

일본은 세계 최고의 병아리 감별사를 보유하고 있다. 그렇다면 일본인들은 이론으로 설명할 수 없는 그 기술을 어떻게 전수하는 것일까? 방법은 간단하다. 훈련생들이 병아리 한 마리를 손에 쥐고 검사를 한 뒤 성별에 따라 '암컷' 혹은 '수컷'이라 적힌 바구니에 병아리를 집어넣는다. 스승은 제자의 모습을 바라보며 "그래, 옳았어" 혹은 "아냐, 틀렸어"라고 말한다. 그렇게 한 달 정도의 수련 과정을 거치면 제자도 꽤 정확히 성별을 감별할 수 있다. 스승의 판단과 반복훈련 덕분에 손끝 감각이 발달하는 것이다.

'주먹' 구구식 해법의 탄생 배경

19세기, 병리학자는 사망한 남성의 심장 크기가 망자의 주먹 크기와 정확히 일치한다는 것을 발견했다. '주먹'구구식 해법이라는 말도 거기에서 유래한 것 아닐까?

범죄 수사 분야에서도 휴리스틱을 활용한다. 베테랑 형사는 주먹구구식 해법과 동물적 감각을 복합적으로 활용한다. 예를 들어 범죄 용의자의 주거지를 파악할 때 '원 그리기'라는 휴리스틱을 활용한다. 서로 거리가 가장 멀리 떨어진 두 개의 범죄 현장을 지름으로 하는 커다란 원을 그린 뒤 그 중심점을 용의자의 주거지로 추정하는데, 지금까지는 적중률이 꽤 높은 수사기법으로 알려져 있다.

스포츠에서도 휴리스틱의 진가가 드러난다. 농구선수들은 어떻게 저 멀리서 날아온 공을 그토록 정확하게 포착해낼까? 누군가가 던진 공은 대개 포물선을 그리며 날아가고, 방정식을 이용하면 정확한 착지 지점을 알아낼 수는 있다. 그 지점에 먼저 가서 서 있으면 공이 자기 품 안으로 들어오는 것이다. 그건 어디까지나 수학적 공식을 활용했을 때 그렇다는 얘기고, 실제 농구선수 중에 방정식을 활용해 달려가 서 있어야 할 지점을 파악하는 이는 거의 없다.

선수들에게 방정식도 활용하지 않았는데 어떻게 정확한 착지 지점을 알 수 있었느냐고 물어보면 조리 있게 설명하는 이는 거의 없을 것이다. '저도 모르게' 혹은 '반사적으로' 그냥 가 있다는 것이다.

학자들은 운동선수들이 '시선 휴리스틱'을 활용한다고 주장한다. 시선을 공에 고정한 채 앞, 뒤, 옆으로 이동하는 것이다. 고개의 각도는 이동 중에도 고정되어 있다. 이때 공과 선수의 눈, 수평선 사이의 각도가 중대한 역할을 담당한다.

경기를 뛰는 선수들은 동선이나 공의 착지 지점을 계산하지 않는다. 그런데도 늘 공 가까이에 가 있다. 눈짐작으로 이동 위치를 설정하는 것이다. 이는 중요한 사항이다. 공이 포물선을 그리는 시간이 그다지 길지 않기 때문이다. 수학적 계산을 하기에는 시간이 너무 짧다. 휴리스틱이 있기에 경기는 더 긴박해진다. 모든 선수가 어림셈법 대신 복잡한 수학 공식을 활용한다면 경기의 진행 양상은 지금과는 완전히 달라질 것이다.

18장에서 농부의 경험칙에 따른 지혜를 살펴보았다. 농부가 활용하는 간편추론법은 불완전하나마 어느 정도의 정보는 보유하고 있을 때 유용하다. 그렇지 않을 때, 다시 말해 정보가 전무한 상황이라면 '최상의 근거 휴리스틱take-the-best-heuristics'을 따르는 것이 좋다.

관련 사례를 들어보겠다. 켐니츠Chemnitz와 하겐Hagen 중 어느 도시에 인구가 더 많을까?

이 문제를 풀기에 앞서 기본적으로 어떤 도시에 인구가 집중되는지 생각해야 한다. 예를 들어 주도州都이거나, 1부 리그 소속 축구팀이 있다면, 아무래도 인구가 더 많을 확률이 높지 않을까? 공항이 있거나 대규모 박람회장이 있거나 대학교가 있는 경우에도 마찬가지가 아닐까? 방금 나열한 다섯 가지 기준의 중요도는 나열된 순서대로이다.

최상의 근거 휴리스틱에서는 일반적으로 설득력이나 신빙성에 따라 점검해야 할 항목들을 나열하고, 첫번째 항목부터 체크한다. 첫번째 항목에서 두 상황 사이에 차이가 있다면 그것으로 이미 판가름이 난다. 그렇지 않으면 두번째, 세번째로 넘어간다.

켐니츠와 하겐 둘 중 어느 도시도 연방주의 수도가 아니다. 두번째 기준으로 넘어가야 한다는 뜻이다. 둘 다 1부 리그 소속 축구단이 있다. 세번째 기준도 체크해야 한다. 켐니츠에는 공항이 있지만 하겐에는 없다. 결론이 나왔다. 켐니츠가 하겐보다 인구수가 많을 것이라 말하는 편이 안전하다.

이 결론은 실제와 일치한다. 켐니츠의 인구는 약 24만 7000명이고 하겐은 그보다 훨씬 적은 약 19만 7000명이다. 이번 문제는 비교적 쉬웠다.

하겐과 졸링겐Solingen의 비교는 시간이 조금 더 걸린다. 둘 다 연방주의 수도가 아니고, 1부 리그 소속 축구단이 없고, 공항이 없고, 대규모 박람회장도 없다. 하겐에는 대학교가 있고 졸링겐에는 없다. 따라서 하겐의 인구수가 졸링겐보다 많을 것이다.

이번에도 정답이다. 졸링겐의 인구수는 약 16만 4000명이다.

위에서 보듯, 점검 기준을 체크하다 둘 사이에 차이가 나타나는 즉시 판단 과정은 끝난다. 나머지 항목에는 신경 쓰지 않아도 된다. 최상의 근거를 기준으로 판단했으니까!

'가용성 휴리스틱availability heuristic'이라는 것도 있다. 어떤 사건의 발생빈도를 예측할 때 활용하는 기법이다. 솔직히 특정 사건이 얼마나 자주 일어날지를 가늠하기 쉽지 않다. 하지만 어림셈법을 활용하면 어려운 문제를 간단한 문제로 전환할 수 있다. 문제 해결의 열쇠는 내가 해당 사건을 얼마나 많이 기억하느냐이다. 내가 자주 일어난 것으로 기억하는 사건이나 상황일수록 앞으로도 또다시 발생할 확률이 높다고 보는 것이다.

정보가 부족할 때 자신의 기억을 소환시킴으로써 새로운 정보를 쉽게 창출할 수 있고, 그렇게 창출한 새 정보를 이용해 원래의 문제를 풀 수 있다. 우리 뇌가 본래 그렇게 작동한다. 어떤 판단을 내리기가 여의치 않을 때면 해당 사안과 관련이 있는 좀 더 쉬운 사안을 떠올리고 이번 문제도 그때 활용했던 해법으로 풀려고 하는 본성을 지닌 것이다.

예컨대 이웃집 사내가 길거리에서 심하게 기침하는 소리를 들었다고 치자. 나는 그 사람이 심한 감기에 걸렸다고 생각하지, 에볼라 바이러스에 감염되었다고 생각하진 않는다. 가능성이 좀 더 높은 편으로 판단이 기운다는 건 주변에서 충분히 목격했을 것이고, 독자 자신도 몸소 체험해본 적이 있을 것이다.

우리의 감각은 자주 접하거나 들은 일이 더 자주 발생한다고 가르친다. 대부분은 들어맞지만 늘 그런 건 아니다. 경험적 판단, 즉 휴리스틱은 언제든지 왜곡될 위험이 있다. 예컨대 어떤 상황이 머릿속에 너무 깊이 각인된 경우, 우리는 그 사건이 자주 일어났다고 착각하지만 사실은 그렇지 않을 수 있다. 자동차 사고 피해자들을 주로 다루는 응급실 의사에게 차 사고가 일어날 확률을 물어보면 아마도 일반 운전자들보다는 훨씬 더 높은 수치를 댈 것이다.

언론도 휴리스틱의 왜곡에 일조하고 있다. 비행기 추락 사고나 테러 사건 등 각종 사건 사고를 너무 자세히 보도하는 행태가 대표적이다. 그런 보도를 접한 대중은 그와 유사한 사고가 하루가 멀게 발생한다고 착각할 수밖에 없다.

마지막으로 정보가 아무것도 없는 상황에서 적용할 수 있는 간편추론법 하나를 소개할까 한다. 이 방법은 개인의 자산처럼 변수의 분포가 일정하지 않을 때 언제든지 활용할 수 있는 '만사형통 원칙all-round principle'이다. 독일의 경우, 소득 상위 20퍼센트가 전체 자산의 80퍼센트를 소유하고 있다고 한다. 흔히 '20 대 80의 법칙'이라 불리는 이 법칙은 다양한 인과관계에 적용된다. 우리 주변에서 일어나는 모든 다툼과 불평불만, 법정 소송, 각종 사고, 각종 문의 중 80퍼센트가 20퍼센트의 인구에 의해 행해진다는 것이다.

20 대 80의 법칙으로 자신에게 주어진 한정된 시간을 더 잘 관리할 수 있다. 내가 해야 할 일 중 80퍼센트는 내게 주어진 시간 중 20퍼센트만 활용해도 처리할 수 있는 경우가 대부분이기 때문이다. 게다가 일의 우선순위를 정한 뒤 정신을 집중해서 차례대로 과제를 처리하되 80퍼센트만 처리해도 충분하다. 남은 20퍼센트는 미루거나 여차하면 건너뛰어도 되는 일이다.

20 대 80의 법칙은 완벽주의에 빠질 위험을 미리 방지한다. 대부분의 일은 굳이 완벽하게 처리하지 않아도 큰 문제가 없다. 80퍼센트 완벽도만으로도 충분하다. 여기에는 한 가지 단서가 붙는다. 핵심 과제들이 반드시 80퍼센트 안에 포함되어야 한다는 것이다. 이런 마인드로 접근하면 생각보다 쉽게 많은 일을 처리할 수 있다. 꽤 많은 사람이 그다지 중요하지 않은 나머지 20퍼센트, 예컨대 문서의 레이아웃 부분에 너무 많은 신경을 쓴다. 완벽주의를 추구하는 것이다. 프레젠테이션용 문서가 지나치게 완벽하면 청중들은 오히려 중요한 내용을 놓치고 만다. 프레젠테이션하는 사람도 쓸데없이 시간을 허비해야 한다. 그 시간을 활용해 새로운 아이디어 개발에 집중하는 건 어떨까?

25

버려야 할 것, 버리지 말아야 할 것

수학자 라스촐로 벨라디는 컴퓨터가
자료를 저장하는 새로운 방식을 제안했다.
그의 방식은 옷장을 정리할 때도 유용하게 쓸 수 있다.

누구나 골머리 앓는 문제가 있다. 이 글을 읽고 있는 독자들도 분명 나와 같은 경험을 했을 거라 확신한다. 오늘의 문제는 바로 '옷장'이다. 옷장은 작은데 옷이 너무 많다. 옷장이 꽉 찬 게 무조건 나쁘다는 말은 아니다. 그러나 만약 오늘 셔츠 하나를 새로 샀는데 들어갈 자리가 없다면? 그렇다, 무슨 수를 써서라도 공간을 만들어야 한다. 방법은 하나밖에 없다. 옷장 안의 셔츠 중 적어도 하나는 들어내야 한다.

일본의 작가 곤도 마리에近藤 麻理恵는 정리하기와 버리기를 주제로 여러 권의 책을 집필했다. 해당 책들은 40개의 언어로 번역될 만큼 전 세계적 인기를 끌었고, 명성을 얻은 곤도는『타임』이 선정한 '영향력 있는 100인' 목록에 이름을 올렸다.

이유는 곤도 마리에가 아마도 많은 이들의 아킬레스건을 적나라하게 건드렸기 때문일 것이다. 우리는 너무 많은 물건을 껴안고 살아간다. 서구 사회의 경우, 성인 1인이 살아가기 위해 소유하는 물건이 무려 1만 가지라고 한다. 그중 실제로 꼭 필요한 것들은 얼마나 될까? 많지는 않을 것이다. 우리는 대부분 정리하지 않은 채 집구석 어딘가에 처박아놓은 물건들과 함께 산다. 개중에는 옷도 있고, 책도 있고, 문서도 있고, 각종 잡동사니도 있을 것이다.

정리의 여왕

곤도 마리에의 이름은 이제 보통명사가 되었다. 적어도 영어권에서는 '곤도하다to kondo'라는 표현을 자주 들을 수 있다. 짐작이 가겠지만 '곤도하다'의 뜻은 '극단적으로 정리하다'이다.

아무것도 버리지 못하는 이들이 자주 입에 올리는 핑계가 있다. "언제 필요할지 모르는데 어떻게 버려?" 어느 순간, 아무것도 들어갈 공간이 남아 있지 않다는 사실을 깨닫는다.

곤도 마리에는 공간별 정리보다는 품목별 정리가 낫다고 충고한다. 예를 들어 내가 가진 셔츠를 몽땅 한 곳에 쌓은 다음 하나씩 손에 잡고 그 감촉을 느껴본 뒤 결정하라는 것이다. 이때 물건과 자신과의 감정적 관계를 설정하는 게 중요하다. 애착이 가지 않는 물건들은 과감하게 버리고 진짜 좋아하는 물건들만 간직하라는 것이다. 곤도는 옷가지를 손에 집을 때마다 마음이 설레는지 확인해볼 것을 추천한다. 해당 질문에 대해 즉각적으로 '예스!'라고 대답할 수 없다면 그 물건 역시 버려도 좋다는 뜻이다.

테스트에 합격한 옷가지들, 즉 나를 행복하게 만들어줄 옷가지들은 소중하게 보관해야 한다. 특별한 자리에 정리 정돈해서 보관한다. 버리기로 한 물건에 약간의 아쉬움과 존경심을 표하는 것이 좋다. 그간 나와 동행해준 물건들에 최소한의 감사는 느껴야만 하는 것이다. 그래야 나중에 '내가 그걸 왜 버렸지?'라며 후회하거나 그 물건들을 그리워하지 않을 수 있다.

정리의 핵심은 버리는 것, 즉 특정 물건과 이별하는 것이다. 따라서 새로운 셔츠를 살 때마다 집에 있는 셔츠 한 장과는 반드시 이별해야 한다는 점을 명심하자.

의미 없는 분리수거

아프가니스탄에 파병된 독일군 병사들은 독일 법에 따라 쓰레기 분리수거 의무를 지닌다. 하지만 아프가니스탄 당국은 독일 군인들이 힘겹게 분리한 폐기물을 수거한 뒤 한군데에 모두 때려넣는다.

풍수 이론에 기반을 둔 이 정리법이 너무 극단적으로 느껴지거나 근엄한 종교의식처럼 느껴진다는 독자가 있을지도 모르겠다. 그런 독자들을 위해 심리적 타격 강도가 약한 정리법을 소개한다. 이 정리법은 컴퓨터공학에 기반을 둔 것이다. 컴퓨터는 무엇을 보관하고 무엇을 지워버릴지를 결정해야 한다. 컴퓨터 용어로는 대개 '저장'과 '삭제'라 부르지만, 결국 무엇을 간직하고 무엇을 내다버리느냐의 문제이다.

모든 컴퓨터에는 용량이 작은 주기억장치가 있다. 순식간에 접근할 수 있는 장치이다. 그보다 용량이 더 크고 접근이 훨씬 느린 보조기억장치도 있다. 대용량 보조기억장치에 접근하는 시간이 주기억장치에 접근하는 시간보다 20만 배가 더 걸린다. 컴퓨터는 어느 기억장치에 무엇을 저장할지를 결정해야 한다.

용량이 작은 주기억장치가 가득 차면 위에서 살펴본 '옷장 문제'와 똑같은 문제가 발생한다. 페이지 하나를 더 저장하려면 해당 기억장치에 들어 있는 내용 중 무언가를 들어내야 한다. 그 무언가는 대용량 보조기억장치로 옮겨진다.

나는 무언가를 살 때 컴퓨터의 저장 방식을 본보기로 삼는다. 옷장이 꽉 찼음에도 새 셔츠 하나를 '업어왔다'면 옷장에 들어 있던 셔츠 중 하나는 지하실의 '안 입는 옷 보관함'으로 들어간다.

곤도 마리에는 그럴 때 옷장 안에 든 셔츠 하나를 내다버리라고 말하지만, 나는 그럴 만한 배짱이 부족하다. 안방에 있는 옷장이 나라는 컴퓨터의 주기억장치라면 지하실의 보관함은 보조기억장치이다.

그렇다면 컴퓨터는 어떤 페이지를 빠른 기억장치에서 느린 기억장치로 옮길까? 이 문제를 해결하기 위해 컴퓨터 제조업체는 다양한 가능성을 실험했다. 헝가리 출신의 수학자이자 컴퓨터공학자인 라스츨로 벨라디Laszlo Belady의 제안도 그중 하나였다.

벨라디가 주장한 원칙의 골자는 '먼 미래에 다시 활용할 페이지를 느린 기억장치로 옮겨두라'라는 것이었다.

그 전략은 매우 적절하다. 장기적 관점에서 봤을 때 그 전략이야말로 '페이지 부재page fault' 오류를 최소화할 수 있기 때문이다. 페이지 부재란 접근하고자 하는 페이지가 현재 주기억장치에 존재하지 않을 때 일어나는 현상을 일컫는 컴퓨터 전문용어이다.

벨라디의 제안을 컴퓨터 제조 과정에 적용하는 데에는 중대한 난관이 있다. 미래를 예측하기가 말만큼 쉽지 않다는 것이다. 컴퓨터는 용한 점쟁이가 아니므로 어느 페이지가 언제 필요한지 미리 알 수 없고, 따라서 제조업체들 입장에서는 그걸 모르는 이상 벨라디의 제안을 덮어놓고 받아들일 수 없다. 그런데도 벨라디의 제안이 매우 훌륭하다고 말하는 이유는 그 제안이 중대한 기준점이 되어주기 때문이다. 그 제안에 비추어 다른 방식의 유용성을 재단할 수 있다.

벨라디의 제안을 대체할 수 있는 뛰어난 대안이 있다. 과거의 사용이력을 미래에 투영하는 방식이 바로 그것이다. 과거와 미래를 비추는 기준점, 즉 '거울'은 바로 현재이다. 이 방식에서는 어떤 페이지를 가장 나중에 다시 불러들일지를 점치는 대신 가장 오래전에 불러들였던 페이지부터 차례로 느린 기억장치로 옮긴다. 현재 시점을 기준으로 가장 오랫동안 사용하지 않았던 페이지부터 대용량 보조기억장치로 옮기는 것이다. 이 'LRU Least Recently Used 원칙'에 따른 알고리즘은 간단한 가정에서 출발한다. 현재를 기준으로 어떤 페이지를 다음번에 다시 불러올 때까지의 기간이, 지난번에 해당 페이지를 불러왔던 시점부터 현재에 이르기까지의 시점과 동일할 것이라는 가정이다.

오랫동안 접근하지 않은 페이지를 가까운 미래에 다시 불러들일 공산이 아주 낮다는 가정을 기반에 두고, 과거에서 현재까지의 기간을 현재부터 미래까지 그대로 적용하는 것이다. 컴퓨터 전문가들은 이러한 특성을 '요청 지역성request locality'이라 부른다. 내 옷장의 '요청 지역성'은 옷장에 가득 찬 셔츠 중 가장 오랫동안 입지 않은 셔츠를 장차 다시 입게 될 확률이 가장 낮다는 말로 설명할 수 있다.

'FIFO 방식'도 요청 지역성을 이용한 방식 중 하나이다. FIFO는 영어로 풀어쓰면 'First In First Out'이다. 즉 처리속도가 빠른 주기억장치에 가장 먼저 저장된 페이지, 가장 오랫동안 저장된 페이지부터 느린 기억장치로 옮기는 '선입선출' 방식이다.

LRU 방식과 FIFO 방식은 다양한 장점이 있다. 모두 페이지 부재 오류 발생률이 (이론적으로는 훌륭하지만 실행은 불가능한) 벨라디의 '점쟁이 알고리즘'보다 약간 더 높을 뿐이다. LRU 알고리즘의 경우, 점쟁이 알고리즘보다 페이지 부재 오류 발생률이 2배 정도 높고, FIFO 알고리즘은 4배 정도가 높다. 크게 느껴질 수도 있지만, 실제 컴퓨터 활용에서는 둘 다 대단한 차이는 아니다.

미래에 일어날 일을 정확히 예측하지 못하는 이상 모든 알고리즘은 그 정도의 오류는 감수해야 한다. LRU 알고리즘의 성능은 실제로 컴퓨터를 돌려본 결과, 점쟁이 알고리즘에 가장 가까운 것으로 판명되었다. 몇몇 분야에서는 FIFO 알고리즘보다 우수한 알고리즘으로 드러났다. 아무 페이지나 임의로 보조기억장치로 이동시키는 시스템보다는 말할 것도 없이 더 우수하다.

새 셔츠를 샀고 내 옷장 속 셔츠 중 하나를 지하실로 이동시켜야 할 때, 어떤 알고리즘이 가장 적당할까? LRU 알고리즘을 적용할 경우, 지금까지 착용횟수가 가장 적은 셔츠를 버리진 않을 것이다. 가장 오랫동안 옷장에 들어 있던 셔츠를 버리지도 않을 것이다. 가장 오랫동안 입지 않은 셔츠가 지하실의 보관함으로 들어갈 것이다. 그런데 컴퓨터와 나 사이에 큰 차이가 있다. 컴퓨터는 LRU 알고리즘에 충실하게 가장 오랫동안 접근하지 않은 페이지를 보조기억장치로 옮기겠지만, 나는 감정이 있다! 감정이 지식보다 우선이다. 아침마다 그날 입을 옷을 고를 때에도 지식보다는 감정이 우선이지 않은가.

결론: 내 방식은 곤도 마리에의 방식만큼 철저하지 않다. 나는 새 셔츠를 살 때마다 옷장에 보관한 셔츠 중 하나를 곧장 내다버리는 대신 지하실의 수거함에 넣어둔다. 난 이 방식이 좋다. 모든 집 지하실이나 베란다에 옷장이나 보관함을 마련하고, 안 입는 옷을 그 안에 보관하길

권하고 싶다. 보관함을 채울 때는 예컨대 왼쪽부터 채워나가다가 왼쪽이 가득 차면 왼쪽에 있던 옷을 오른쪽으로 밀어내는 방식이 좋다. 그런 다음 적어도 1년에 한 번쯤은 보관함의 오른쪽 절반쯤은 비우는 게 좋다. 그 옷은 동네 헌옷수거함으로 직행할 것이다. 지하실에 헌옷보관함을 마련해두면 '집행유예' 기간이 생긴다는 장점도 있다. 곧장 내다 버리지는 않았기에 만에 하나 입을 일이 있을 때 그 옷을 다시 꺼내 입을 수 있다. 자기 물건을 과감하게 버리지 못하는 심약한 이들에게는 이러한 단계별 버리기 방식이 곤도 마리에의 방식보다 적절하다고 생각한다.

26

올바른 정리법

정리정돈은 일종의 줄타기 곡예이다. 적당한 정리정돈과
광적인 정리벽 사이에서 적절한 중심을 잡아야 하기 때문이다.
정리 자체가 목적이 되면 안 된다.

'정리가 곧 인생의 절반'이라는 말이 있다. 과장이 지나치다고 생각할 수 있다. '설마 절반이나 될까?' 의심이 들 수도 있다. 하지만 컴퓨터 세계에서 정리는 절반 그 이상이다. 컴퓨터는 켜져 있는 시간의 80퍼센트를 데이터 정리를 위해 소비한다. 우리 생활 다방면에서도 정리정돈은 매우 중대한 의미를 지닌다. 하지만 뭐 하나를 제대로 정리하고 관리하자면 오랜 시간이 걸린다.

사실 잘 정리된 상태는 오히려 예외에 가깝다. 우리가 사는 이 우주는 정리정돈보다는 혼돈을 더 사랑하는 듯하다. 정리정돈을 하려면 엄청난 에너지를 투자해야 한다. 열역학 제2법칙에서도 '고립계의 총 엔트로피는 감소하지 않는다'라고 말한다.

쉽게 말해 시간이 지날수록 무질서의 강도가 강해진다는 뜻인데, 생활 속에서도 그러한 현상을 자주 관찰할 수 있다. 외부와의 소통이 단절된 세계, 즉 고립계에서는 무질서의 강도가 늘 강해지고, 낮아지는 경우는 없다. 예를 들어 손에서 미끄러진 찻잔은 바닥과 충돌하며 산산조각이 난다. 수백 개로 조각난 날카로운 부스러기들이 주방이나 거실을 엉망진창으로 만들어버린다.

참고로 이 상황은 우리 집에서 자주 벌어지는 일인데, 깨지기 전의 찻잔은 말하자면 잘 정리 정돈된 상태이고, 깨진 후의 찻잔은 혼란 그 자체다. 물체와 물체가 충돌할 때 혼란의 강도는 급속도로 높아진다.

앞서 반대의 경우는 불가능하다고 했다. 그게 진실이다. 모르긴 해도 산산이 부서진 조각이 "이봐, 우리 다시 함께하는 게 어떻겠나?"라며 서로 들러붙은 뒤 중력마저 극복하고 다시 내 손 안으로 미끄러져 들어올 일은 없지 않을까?

요즘은 자기 주변을 잘 정리하고 살아가는 삶의 방식이 일종의 트렌드다. 이는 점점 미쳐가고 점점 혼란 속으로 빠져드는 세상의 반작용이다. 실제로 서점에 가면 올바른 정리와 올바른 버리기에 관한 책들이 사방 천지에 널려 있다. 개중에는 지나친 원칙을 강요하는 이들도 있다. 셔츠를 한곳에 같이 보관해야 한다는 말에는 동의한다. 하지만 티셔츠를 색깔별로 정리하고, 청바지를 워싱 정도에 따라 분류할 필요가 있는지 솔직히 모르겠다. 유리컵을 '키 순서대로' 정리해야 한다는 말에도 나는 동의하지 않는다.

하지만 정리정돈에 관한 수많은 책이 알려주는 내용을 충실히 따르는 정리광들이 분명 있다. 자아도취의 절정에 오른 수많은 사람이 SNS에 '비포before'와 '애프터after' 사진을 자랑스럽게 공개한다. 정리하기 전의 옷장과 정리한 후의 옷장을 비교한 사진을 올리는 것이다. 체계적으로 깔끔하게 정리한 신발 보관대를 공개하는 이들도 있다. 사실 예전만 하더라도 정리정돈은 '꼰대'의 상징이었다. 뜨개질 모임에 참가한 사람들, 각자의 '그릇 컬렉션'을 자랑하기 위해 모인 사람들 사이에서나 오갈 법한 주제였다. 하지만 지금은 인생을 제대로 살아가기 위한 철학으로, 나아가 일종의 광기로까지 발전했다.

잘 정리된 삶은 정리광들의 숙원사업이다. 정리광들은 어질러진 상태를 참지 못한다. 최소한 내가 사는 집은 늘 깨끗하게 정리해야 마음에 평화가 찾아오고, 필요 없는 물건은 어서 내다버려야 속이 시원해진다. 잘 정리된 삶은 곧 행복한 삶을 의미한다. 정리광들에게 있어 정리는 자가 심리치료와도 같다.

노벨상을 받은 어느 여성 화학자의 경고가 갑자기 떠오른다. 중요하지도 않은 일에 너무 많은 시간을 낭비하는 이들이 있다는 내용인데, 자신이 가르치는 대학생들을 관찰하며 그렇게 느꼈다고 한다.

주변이 어지러울수록 창의력은 더 샘솟는다!

심리학자 캐슬린 보스Kathleen Vohs가 진행한 연구에 따르면, 주변이 어지러울수록 창의력은 더 촉발된다. 탁구공을 다른 목적으로 어떻게 이용할 수 있을지 아이디어를 제시해보라는 제안에 어지러운 사무실에 앉아 있던 학생들이 깔끔하게 정리된 사무실에 앉아 있던 학생들보다 훨씬 더 기발한 아이디어를 제시했다.

정리정돈은 일종의 줄타기 곡예이다. 적당한 정리정돈과 광적인 정리벽 사이에서 적절한 중심을 잡아야 한다. 정리정돈에 너무 많은 시간을 소비하면 정리에 대한 집착이나 광기에 빠질 소지가 크다. 나중에는 정리가 어떤 물건을 쉽게 찾고 집을 깨끗하게 유지하기 위한 수단이 아니라 정리 자체가 목적이 된다. 어디까지가 의미 있는 정리이고, 어디부터가 정리에 대한 집착과 광기일까? 그 경계선이 명확히 있기는 할까? 이 질문의 답변은 나도 잘 모르겠지만, 약간의 무질서를 용납하는 것이 오히려 건강한 생활양식이라 생각한다.

요즘 유행하는 정리벽의 원조는 일본이다. 일본 사회는 고도로 정리된 사회이다. 단일민족이고, 적어도 일본 내에서는 단일한 문화를 누리고 있으며, 어떤 직장에 취직하면 평생 그 직장에서만 일하다가 퇴직하는 경우도 많고, 전통적인 가족 구조를 유지하고 있다.

독일은 상황이 다르다. 특히 가족 구조에서 큰 차이가 있다. 이혼한 사람들이 재혼하면서 예전 배우자에게서 낳은 아이들을 데려와서 '짜깁기 가족'을 구성하는 경우도, 동성 커플끼리 함께 사는 경우도 많다. 혼인신고를 하지 않고 같이 사는 사실혼도 자주 볼 수 있다. 모든 종류의 가족이 독일 사회에서는 이제 당연한 것으로 받아들여지고 있다.

다시 한 번 내 의견을 밝히자면, 정리정돈은 분명 좋은 것이지만 지나친 강박관념은 금물이다. 정리 마인드는 그때그때 상황이나 필요 혹은 취향에 따라 달라질 수 있는 '생물'이어야 한다.

정리? 중요하지, 암 중요하고말고!

나도 정리를 싫어하진 않는다. 옷장도 늘 정리한다. 그런데 말이지, 정니할 때므다 이상하케도 점좀 더 어지러버지눈 것운 웨인까?!

지나치게 에너지를 소비할 필요도 없고 상황 변화에도 잘 적응하는 정리 사례 한 가지를 들어보겠다. 내 CD 정리 방식이다. 오래전에는 내가 소장한 모든 CD를 팝, 재즈, 소울, 테크노, 클래식 등 장르별로 정리했다. 하지만 그때마다 왠지 찜찜한 느낌이 들었다. 100퍼센트 팝, 혹은 100퍼센트 클래식으로 구성되지 않은 앨범들이 적지 않았기 때문이다. 그런 이유로 엄격한 정리 방식은 시간이 흐르면서 느슨해졌다.

그러다 매번 시간을 내어 CD를 정리하는 대신 방금 들은 CD를 맨 왼쪽에 놓아두는 방식으로 전환했다. 다음에 음악을 듣고 싶을 때면 왼쪽부터 오른쪽으로 훑어가며 오늘은 어떤 CD를 들을지를 선택했다.

지금도 그 방식을 고수하고 있다. '맨 앞에 두기 원칙'은 매우 효과적이다. 내가 자주 듣는 CD는 (늘 흐트러지고 마는) 내 CD 컬렉션의 가장 왼쪽에 있고, 거의 듣지 않는 CD는 시간이 지날수록 오른쪽으로 밀려난다. '무질서 속의 질서'가 이런 게 아닐까? 그 질서는 내가 일부러 만들어내지 않아도 스스로 생겨난다.

컴퓨터공학자들은 아마도 '자기조직화 목록self-organizing lists'이라는 말로 내 CD 정리 방식을 설명할 것 같다. 여기에서 말하는 자기조직화란 시스템 자체에서 각종 대상물을 정리한 경험을 활용해 더 높은 수준의 정리를 해나가는 것을 의미한다.

이 자리에서 실토하건대 나는 '잡식성 음악애호가'이다. 그때그때 선택하는 음악의 장르에 큰 차이가 있다는 뜻이다. 이런 경우, CD 컬렉션을 어떻게 정리하는 것이 최선일까?

제일 많이 들을 것 같은 CD부터 들을 일이 거의 없는 CD 순으로 정리하는 게 최고다. 자주 듣는 음반들은 왼쪽에, 그렇지 않은 음반들은 오른쪽으로 몰아두는 것이다. 문제는 내일 내가 어떤 기분이고, 어떤 음악을 듣고 싶어 할지 알 수 없다는 것이다. 잠시 뒤에 벌어질 일도 예측 못 하는 판인데 내일 일을 어떻게 알까. 난 최적의 정리법을 따르지 않기로 작심했다. 최적의 정리법을 따른다 하더라도 CD 순서는 내 취향만큼이나 그날그날 달라질 것이다.

다행히 시간과 에너지를 투자해야 하는 최상의 정리법을 굳이 따를 필요는 없다. 오늘 들은 CD를 가장 왼쪽에 배치하는 '맨 앞에 두기 원칙'도 최상의 정리법과 어깨를 견줄 정도로 훌륭한 방법이다. 수학적으로도 증명할 수 있는 사실이다. 맨 앞에 두기 원칙을 오랫동안 적용하면 결국 최적의 정리법에 근접한다. 기간이 길수록 근접 정도는 더 높아진다. 최적의 정리법을 따를 때보다 맨 앞에 두기 원칙을 따를 때 원하는 CD를 고를 때까지의 시간이 2배 더 걸리는 일은 절대 없다는 사실 역시 수학적으로 증명이 가능하다. 맨 앞에 두기 원칙의 효과가 수많은 정리법보다 우위에 있다는 것이다.

맨 앞에 두기 원칙과 어깨를 견주는 원칙이 있다. '자리바꿈 원칙'이 그것이다. 예를 들어 어떤 CD를 꺼내서 들은 다음, 원래의 위치보다 한 칸 왼쪽에 그 CD를 꽂아두는 것이 이 원칙의 핵심이다. 즉 이 CD와 이 CD 바로 왼쪽에 있던 CD의 위치를 바꾸는 것이다.

자리바꿈 원칙을 적용했을 때에도 자주 듣는 CD들은 결국 왼쪽으로 몰리므로, 이 원칙 역시 최적의 정리법과 매우 가깝다고 할 수 있다. 물론 맨 앞에 두기 원칙을 철저하게 따를 때보다는 즐겨 듣는 CD들이 왼쪽에 집결할 때까지 시간은 훨씬 더 오래 걸린다. 하지만 신기하게도 자리바꿈 원칙을 적용했을 때 오늘 듣고 싶은 CD를 고르기까지의 시간이 더 짧아진다는 장점을 체감했다. 수학은 내게 자리바꿈 원칙을 채택할 경우, 맨 앞에 두기 원칙에 따라 CD를 정리했을 때보다 CD를 고르는 시간이 절대 더 오래 걸리지 않는다는 것도 가르쳐주었다. 자리바꿈 원칙에 따라 정리할 경우, 내 음악 감상 취향이 어떻든 간에 CD를 고르는 시간이 더 짧다는 것이다.

여기까지만 들으면 자리바꿈 원칙이 맨 앞에 두기 원칙보다 더 나은 것 같다. 실제로 두 방법 모두 적용해보니 둘 사이의 차이는 극도로 미미했다. 자리바꿈 원칙이 지닌 결정적 취약점도 하나 발견했다. 방금 들은 CD를 그 왼쪽에 있던 CD와 자리를 바꾸는 데 걸리는 시간이 맨 앞에 두기 원칙을 따랐을 때보다 시간을 더 잡아먹는다는 것이다.

결론적으로 맨 앞에 두기 원칙이 더 좋다. CD를 정리할 때뿐 아니라 다른 상황에서도 그 원칙을 선호한다. 책상을 정리할 때면 '맨 위에 두기 원칙'에 따라 방금 처리한 문건을 서류뭉치 맨 위에 올려둔다. 그 방식 역시 애써 기억하지 않아도 저절로 최적의 서류정리법에 가까워지는 마법의 힘을 발휘한다. 집 안에 있는 물건을 정리할 때 반드시 최적의 정리법을 따라야 하는 것은 아니다. 약간의 무질서도 나름 훌륭한 정리정돈법이다. 각자 편한 방법을 선택해도 그 안에서 자체적으로 '무질서 속의 질서'가 정립하기 때문이다.

27

흥정과 속임수

공동체를 위한 최선은 모두가 협력하는 것이다. 그것이 개개인에게도 최선일까? 경제학자 로버트 액설로드의 실험은 공동체를 위한 최선의 전략을 보여준다.

아르네와 베르니가 은행을 털었다. 나중에 그들은 체포당했지만 경찰에겐 정황증거밖에 없었다. 경찰은 파격적인 제안을 한다. 둘 중 하나가 핵심증인이 되어준다면 무죄로 방면해주겠다는 것이다. 죄를 인정하는 동시에 동료가 공범이라는 사실까지 자백한다면 감옥살이를 면하게 해준다는 것이었다. 이 경우, 동료는 3년형을 받는다. 만약 둘 다 자백하고, 상대방의 범행 사실까지 순순히 털어놓는다면 둘의 형기는 2년으로 같다. 입을 꽉 다물고 무죄를 주장하며 법정 다툼을 벌인다면 정황증거 때문에 그들은 1년 복역해야 한다.

아르네와 베르니는 서로 접촉을 할 수 없는 상황이다. 둘의 심경은 복잡할 수밖에 없다. '불' 것인가 말 것인가를 혼자 결정해야 한다.

아르네는 고민한다. 내가 베르니와의 의리를 지켰는데 저놈이 날 배신하면 내가 3년간 교도소에서 썩어야겠지? 하지만 베르니도 불고 나도 같이 분다면 거기에서 1년이 깎이겠지? 저 녀석도 나랑 같은 신세가 될 테고? 만약 나도 베르니도 의리를 지킨다면 둘 다 1년만 살다 나오면 되겠지? 만약 베르니가 의리를 지켰는데 내가 불면 난 교도소에 갈 필요가 없겠지? 그럼 뭐야? 결국 저놈이 의리를 지키든 말든 내 입장에선 부는 게 낫다는 거잖아?

베르니의 '잔머리'도 아르네와 동일하다. 의리를 지키지 않는 편이 자신에겐 더 유리하다. 둘 다 혐의를 '불' 경우, 2년의 실형을 살게 된다.

아르네와 베르니의 계산에 맹점이 숨어 있다. 만약 둘 다 의리를 지키면 둘 다 2년이 아니라 1년만 징역을 산다는 것이다.

위 상황의 딜레마를 공동체에도 적용할 수 있다. 공동체를 위한 최선의 선택, 즉 늘 의리와 신의를 지키고 협동하는 태도가 개개인에게는 최선이 아닐 수도 있다. 사실 개개인에게 있어서는 자신만 뺀 다른 모든 사람이 협조적인 것이 최선이다. 하지만 모두가 그렇게 머리를 굴리면 결국 모두 망한다. 수학에서는 이렇듯 이기주의와 양보, 혹은 개인주의와 타협을 둘러싼 진퇴양난의 형국을 '죄수의 딜레마'라고 표현한다.

일상 속 많은 상황이 이렇게 얽히고설킨 구조로 복잡하게 짜여 있다.

아르네와 베르니가 같이 산다고 가정해보자. 아르네 혹은 베르니에게 가장 편한 상황은 상대방이 집안일을 처리해주는 것이다. 하지만 모든 가사노동을 상대방에게 떠넘기면 집안 꼴은 엉망진창이 된다.

물물거래를 할 때도 마찬가지이다. 아르네는 사과 농사를 짓고 베르니는 바나나 농사를 짓는다고 생각해보자. 아르네에게 사과 한 상자는 아마도 10유로의 가치밖에 되지 않을 것이다. 하지만 바나나 한 상자는 아마도 그 보다 높은, 예컨대 100유로의 가치를 지닐 것이다. 반대로 베르니에게는 바나나 한 상자가 10유로, 사과 한 상자는 100유로의 가치를 지닐 것이다.

둘이서 과일을 한 상자씩 교환하기로 합의를 했다. 둘 다 약속을 지킬 경우, 두 사람의 금전적 이익은 90유로다. 10유로짜리 한 상자를 보내고 100유로짜리 한 상자를 받으니 말이다. 하지만 둘 중 한 명이 약속을 지키지 않으면 그 사람의 금전적 이익은 100유로가 되고, 약속을 지킨 사람의 금전적 손실은 10유로이다.

만약 둘 다 약속을 지키지 않았다면? 둘 다 잃은 것도 얻은 것도 없는 상황이 된다. 어떻게 보면 약속을 지키지 않는 것이 두 사람에겐 최선의 선택일 수도 있다. 하지만 둘 다 90유로를 벌 기회를 날린다.

공동체를 위한 최선은 모두가 협력하는 것이다. 하지만 개인에게도 그게 최선일까?

어떤 상황에서는 이기주의자가 되는 편이 개인에게 더 최선일 수 있는데, 그러면 공동체의 운명은 어떻게 될까? 서로서로 배신하는 공동체는 더는 공동체라 부를 수 없는 것이 아닐까? 법률을 강화하고 도덕심을 강조한다고 문제가 해결될까? 음수에 음수를 곱하면 양수가 되듯 이기주의와 이기주의가 만나면 뜻밖에 주인 의식이나 공동체 의식이 샘솟진 않을까?

경제학자인 로버트 액설로드Robert Axelrod는 약 40년 전 한 가지 중대한 실험으로 게임 이론을 깊이 있게 연구했다. 당시 실험에서 액설로드는 말하자면 아르네와 베르니 같은 경쟁자들을 한 번이 아니라 여러 번 맞붙게 만들었다. 죄수의 딜레마에 한 번이 아니라 여러 번 빠지게 만든 것이었다. 실험참가자들은 사과와 바나나 한 상자씩을 200차례 교환했다. 그때마다 아르네와 베르니는 상대방에게 사기를 칠 수도 있고, 진실한 태도를 보일 수도 있었다. 액설로드는 다양한 전략으로 실험참가자들이 맞붙게 했다.

그중 한 가지 전략은 늘 사기를 치는 것, 또 다른 전략은 늘 신의를 지키는 것이었다. 혹은 상대방이 자기를 기만할 때까지는 신의를 지키다가 속은 것을 안 다음부터 자신도 사기를 치는 전략, '눈에는 눈, 이에는 이' 전략도 있었다. 눈에는 눈, 이에는 이 전략은 처음에는 신의를 지키되 상대방이 바로 직전에 보여준 태도를 그대로 따라하는 것이다. 상대방이 나를 배신하지 않으면 나도 상대방을 배신하지 않는다. 상대방이 날 기만하면 다음번 거래에서 나도 상대방을 기만한다. 이 전략을 영어로 '텃 포 탯tit for tat' 전략이라 부른다. 상대방이 나를 한 번 배신하면 나는 상대방을 두 번 배신함으로써 앙갚음하는 '투 텃츠 포 탯two tits for tat'이라는 전략도 있다.

졸업시험에서 '눈에는 눈, 이에는 이' 전략을 활용한 학생

동물학을 전공하는 어느 대학생이 졸업시험을 보게 되었다. 평가를 담당하는 교수가 학생에게 보자기를 씌운 새장을 들이밀었다. 드러난 것이라고는 새의 다리 부분밖에 없었다. 교수가 "이 새가 어떤 새인지 알아맞혀 보게나"라고 말했다. 학생은 "다리만 봐서는 어떤 새인지 알 수 없습니다"라고 대답했다.

그러자 교수는 "불합격!"을 외치더니 "자네, 이름이 뭔가?"라고 물었다.

학생은 바짓가랑이를 걷어 올리더니 "어떠세요, 제 다리를 보니 제 이름이 뭔지 아시겠나요?"라고 반문했다.

토너먼트 형식의 해당 실험에서 액설로드는 총 50개의 다양한 전략을 제시했다. 실험참가자들은 그 전략을 활용하며 상대방을 떨어뜨려야 했다. 개중에는 매우 기발한 고도의 전략도 있었다. 하지만 가장 많은 승리를 거둔 것은 팃 포 탯 전략이었다. 최종 누적 결과가 그것을 증명했다. 반면 고도로 정제된 전략은 최종 결과에서 팃 포 탯 전략보다 뛰어난 성적을 거두지 못했다.

액설로드의 실험에서 상위권 전략, 즉 비교적 우수한 성적을 거둔 전략에는 공통점이 있었다. 상대방이 나를 배신하지 않는 한 나도 신의를 지키되, 상대방이 배신하는 순간 나도 복수한다는 전략이었다. 그 복수심을 오랫동안 간직해서는 안 된다는 단서도 붙어 있었다. 상대방이 다시 신의를 지키면 나도 즉시 협력적 태도로 전환한다는 뜻이다. 해당 전략들은 '이해 가능'이라는 특징도 지니고 있었다. 상대방은 내가 왜 갑자기 배신하는지, 혹은 내가 왜 갑자기 다시 협력적 태도로 전환했는지를 이해할 수 있었다. 이해 가능성이 얼마나 중요한지는 액설로드의 토너먼트 실험 결과에서도 드러난다. 불투명한 전략, 우연에 의지한 전략들은 저조한 성적을 거뒀다.

거기에서 우린 무엇을 배울 수 있을까?

바로 팃 포 탯 전략이 공동체를 위한 최선의 전략이라는 것이다. 우리는 살아가면서 수많은 사람과 부딪친다. 사람들은 서로 믿고, 속이고, 용서하고, 복수심을 품고, 실수를 만회할 기회를 준다. 산과 산이 맞부딪는 경우는 거의 없지만, 사람들은 늘 부딪치며 살아간다. 한 번이 아니라 수천, 수만 번을 부딪치며 살아가는 것이 인생이다.

팃 포 탯 전략은 현대사회, 현대인이 선택할 수 있는 최상의 전략이다. 내가 상대방에게 잘하면, 상대방도 나에게 잘하리라 기대하고 사는 것이다. 그 기대가 현실로 나타날 경우, 모두 이득이다. 상대방이 나를 배신한다면 나도 다음번에 상대방을 배신하되, 앙심이 너무 오래가서는 안 된다. 상대방이 다시 내게 믿음을 보여주면 나도 상대방에게 믿음으로 화답해야 한다. 이는 대인관계에서 매우 중대한 요소이다. 다양한 성격과 개성을 지닌 개인이 관계를 맺고 각종 약속을 하며 살아가는 공동체 차원에서 보더라도 실보다는 득이 많다.

액설로드 실험의 '확장판'도 존재한다. 그 버전에서 액설로드는 기존 전략이 새로운 전략을 낳는 방식을 활용했다. 그 결과, 몇몇 전략은 다음 매치에서의 활용도가 높아지거나 낮아지는 현상이 나타났다. 이때 관건은 직전 라운드에서 어떤 전략이 성공을 거두었는지였다. 경쟁의 횟수가 늘어날수록 가장 효과적인 전략은 팃 포 탯 전략이었다.

최근 수학자들이 발표한 연구에 따르면, 일반적인 팃 포 탯 전략보다 뛰어난 전략이 있다. 팃 포 탯 전략에 '서프라이즈 효과'를 더하는 전략이 바로 그것이다. 서프라이즈 효과란 의외로 상대방을 용서하는 것이다. 상대방이 나를 속였음을 인지했음에도 매번 복수하지 않는 것이다. 연구 결과에 따르면, '거의' 매번 복수하는 것이 기본적인 팃 포 탯 전략보다 낫다. 10번 배신을 당했을 때 9번만 복수하는 것이 가장 좋은 전략이라는 것이다. 장기적 관점에서 봤을 때 해당 전략은 개인뿐 아니라 공동체에도 이익이다.

3번의 배신에 한 번의 복수

콩고 남부 반투족들의 언어인 칠루바Tshiluba에는 '일룽가ilunga'라는 단어가 있다. 1000명의 언어학자들이 세계에서 가장 번역하기 힘든 단어로 꼽은 말이다.

일룽가는 '누가 나를 배신하더라도 처음에는 용서하고, 두 번째도 인내하지만, 세번째는 결코 좌시하지 않는 태도'를 가리킨다.

참고로 '나な'라는 일본어 단어도 세계에서 번역하기 가장 까다로운 단어의 최종 후보에 올랐다. '나'는 어떤 바람을 나타낼 때 쓰이는 종조사라고 한다.

결론: 대인관계에서 우리가 선택할 수 있는 최상의 전략은 지나친 욕심을 포기하고, 뒤끝이 없는 사람이 되고, 머리를 너무 많이 굴리지 않는 것이다. 의리와 신의를 지키고, 협동적 태도를 보이며, 내가 먼저 누군가를 속이는 일은 하지 말자. 누군가로부터 기만을 당했을 때, 그때 역공을 펼쳐도 늦지 않다. 행여 누가 사기를 치더라도 매번 복수해야 하는 것도 아니다. 때로는 너그러운 태도로 자비심을 베풀고, 비록 상대방이 나를 속이더라도 성실한 태도를 유지해보자나な!

28

갈림길에서의 올바른 선택

삶에서 선택의 갈림길에 섰을 때
늘 해오던 방식을 따를 것인가, 아니며 새로운 방식을 시도할 것인가?
때로는 눈앞에 보이는 결과에 대해 유보하는 태도가 필요하다.

호르헤 루이스 보르헤스Jorge Luis Borges는 '인생은 끝없이 두 갈래로 갈라지는 길이 있는 정원'이라 했다. 삶이 제시하는 갈림길의 끝에는 우리가 예측할 수 없는 미래가 기다리고 있다. 지금 이 순간 삶이 제시하는 갈림길 중에서 당신은 이 책을 읽는 길을 선택했다. 만약 수많은 갈림길 중 다른 갈림길을 선택했다면 크리스티안 헤세라는 작자가 무슨 말을 하고 싶은지를 엿볼 기회를 얻지 못했을 것이다. 우리는 늘 선택의 갈림길에 있다. 어떤 선택이 내 삶을 변화시킬까? 미래가 제시하는 다양한 가능성 중 어떤 기회를 포착해야 후회하지 않을까? 그런데 선택의 주체가 나일 때도 있지만, 운명이 인생을 좌우하는 때가 더 많다.

나는 인생이 '갈림길들의 정원'인 동시에 '다양한 기회의 정글'이라 생각한다. 무언가를 선택할 때 우리는 그 선택이 옳은지 아닌지를 알 수 없다. 모든 선택이 기회인 동시에 위험이다. 어쨌든 우린 주어진 다양한 선택지 중 하나를 골라야만 한다. 자, 다음번엔 어떻게 하는 것이 좋을까? 지금부터 뭘 해야 할까?

그냥 늘 해오던 방식을 계속 이어가야 할까? 새로운 경험을 쌓을 기회를 놓치면 나중에 후회할까? 지금까지도 그럭저럭 괜찮았는데, 미지의 세계에 발을 담그는 것이 좋을까? 어쩌면 그 미지의 세계가 커다란 기회가 아닐까? 괜히 발을 들였다가 후회만 하지 않을까? 오늘 점심은 뭘 먹을까? 늘 가던 그 식당을 갈까, 최근 새로 문을 연 중식당에 가볼까? 근데 그 식당이 어떤지 전혀 모르겠는데, 어떡하지?

인생이 다양한 기회의 정글이라는 말이 가슴에 확 닿지 않는 이들에게는 인생을 일종의 게임에 빗대는 게 더 설득력이 있을 수도 있다. 수학자 허버트 로빈스Herbert Robbins는 인생이 슬롯머신들이 꽉 들어차 있는 카지노와 같다고 했다. 그중 어떤 머신은 당첨률이 높고, 어떤 머신은 당첨률이 낮다. 일확천금을 얻을 수 있지만 가산을 탕진할 수도 있다.

문제는 각 슬롯머신의 당첨률에 대해 우리가 알아낼 수 있는 게 전혀 없다는 것이다. 이럴 때 우리는 임의의 슬롯머신을, 임의의 순서대로, 임의의 횟수만큼 시도할 수 있고, 혹은 각 머신당 한 번만 베팅할 수도 있다.

이는 인생의 축소판이다. 카지노에서 어떤 머신을 얼마나 많이, 어떤 순서로 시도하는가에 따라 긍정적 혹은 부정적 결과가 나올 수 있다. 카지노에 가는 이들이 원하는 긍정적 결과는 최대한 큰돈을 따는 것이다.

실제 인생에서는 다양한 분야에서 긍정적 결과가 나타날 수 있다. 자산투자를 통해 큰 수익을 올리는 것도 긍정적이고, 오늘 산 와인이 가성비가 뛰어난 것도 일종의 긍정적 결과이다. 심금을 울리는 음악을 듣고 행복감을 느낄 수도 있고, 완벽한 형태의 조각상을 보고 예술을 향유할 수도 있다. 호감 가는 사람을 만났을 때에도 기분이 좋아지고, 대자연의 숨결이 고스란히 보존된 풍경을 보고 감탄할 수도 있다.

당신이라면 선택의 갈림길에서 늘 해오던 방식을 따를 것인가, 아니면 새로운 방식을 시도할 것인가? 두 슬롯머신이 나란히 놓여 있는데, 어떤 전략, 어떤 순서를 따라야 큰돈을 벌 수 있을까?

로빈스는 처음에는 어떤 머신을 골라도 상관없다고 말한다. 두 머신에 대해 아는 바가 전혀 없어서 무엇을 먼저 시도할지 아무렇게나 결정해도 결과는 달라지지 않는다. 이후, 만약 첫번째로 고른 슬롯머신에서 돈을 땄다면 계속 그 머신에 코인을 투입해도 된다. 반대로 그 머신에서 돈을 잃었다면 옆의 머신으로 이동해서 게임을 이어간다. '계속하기 혹은 바꾸기' 전략을 따르는 것이다. 학계에서는 이를 두고 '이기면 그대로, 지면 바꾸기 전략win-stay, lose-shift strategy'이라 부른다.

위 전략은 일종의 강화학습 훈련이다. 우리는 어떤 결정에 따른 결과가 만족스러우면 다음번에도 똑같은 결정을 내린다. 불만족스러울 때에는 지난번과는 다른 결정을 내린다.

동물을 조련할 때도 긍정적 강화와 부정적 강화를 적절하게 섞어서 제시한다. 동물이 실제 무대에서 사전에 훈련받은 대로 행동하면 긍정적 강화, 즉 칭찬과 간식이 주어지고, 그렇지 않으면 부정적 강화가 주어진다. 조련사에게 야단을 맞는 것이다. 긍정적 강화를 받은 동물들은 조련사가 원하는 행동을 수행할 확률이 높고, 부정적 강화를 받은 동물들은 '삐뚤어질' 확률이 높다는 것을 조련사들은 잘 안다. 종합적으로 볼 때 이러한 강화학습이 더 나은 결과를 내기 때문에 조련사들은 긍정적 강화와 부정적 강화를 적당히 번갈아 활용한다. 자녀를 키우는 부모 역시 아이가 착한 행동을 했을 경우에는 칭찬하고, 나쁜 행동을 저지른 경우에는 야단을 치는 교육법을 자주 활용한다.

계속하기 혹은 바꾸기 전략과 관련한 개인적 경험담이 있다. 나는 샴푸를 고를 때 꽤 까다로운 편이다. 마음에 딱 드는 샴푸를 발견하기까지 얼마나 많은 종류의 샴푸를 시험했는지 셀 수 없을 정도이다. 다 뭔가 부족했다. 샴푸를 바꿨더니 비듬이 생기거나, 두피가 빨갛게 부어오르거나, 머리카락이 부스스해지거나, 향이 마음에 들지 않았다. 그러다가 완벽한 샴푸를 발견했고 몇 년째 그 샴푸만 고집하고 있다.

가위바위보!

가위바위보는 웬만한 사람들은 모두 다 알고 있는 게임이다. 가위바위보를 할 때 우리는 우리도 모르는 사이에 일종의 패턴을 따른다. 많은 이들이 바위를 2번 낸 다음에는 가위보다는 보를 더 자주 선택한다. 셋 중 하나를 연달아 3번 내는 사람은 별로 없다.

많은 이가 계속하기 혹은 바꾸기 전략을 활용한다. 셋 중 하나를 내어서 이겼을 때는 다음번에 새로운 선택을 하기보다는 조금 전과 똑같은 선택을 할 확률이 높다는 것이다. 게임에서 졌을 때는 다음번에 늘 다른 옵션으로 갈아탄다. 갈아타는 순서는 게임의 이름 그대로이다. 가위-바위-보-가위-바위-보 순에 따라 번갈아 시도하는 것이다. 심리학자들은 계속하기 혹은 바꾸기 전략이 잠재의식 깊은 곳에 확고하게 뿌리를 내리고 있다고 말한다.

인생이라는 카지노에서 계속하기 혹은 바꾸기 전략은 큰 의미를 지닌다. 어떤 결정을 내렸더니 긍정적 보상이 돌아왔다면, 다음 선택의 갈림길에서도 우리는 대개 그것과 똑같은 결정을 내린다. 그 뒤에는 보수적인 동물이라는 인간의 본성이 똬리를 틀고 있다. 우리는 미지의 새로운 것보다는 오래된 것, 익숙한 것, 효과가 입증된 것에 강한 집착을 보인다.

사람은 누구나 '안전지대'에서 벗어나고 싶지 않다. 효과를 알 수 없는 새로운 것에 과감히 도전하기보다는 지금까지 그럭저럭 나쁘지 않았던 것에 안주하는 쪽이 더 편하기 때문이다. 과감한 도전에는 반드시 위험히 뒤따른다. 새로운 것이 더 나은 결과를 낼 수도 있지만, 위험을 감당해야 한다는 사실이 부담스럽다.

계속하기 혹은 바꾸기 전략이라 해서 위험성이 전혀 없는 것은 아니다. 한 번 잃었다고 그때마다 다른 옵션을 선택하는 행위는 그 어떤 전략보다 더 위험할 수 있다. 슬롯머신 두 대 중 하나의 머신에서 수십 번 연속으로 돈을 따다가 딱 한 번 잃었을 뿐인데 그 즉시 나머지 머신으로 갈아탄다? 그건 직전까지 이어진 긍정적 결과를 깡그리 무시하는 행위이지 않을까? 한 번 실패했다고 그 전까지 경험한 긍정적 결과가 사라지는 건 아니지 않을까? 어떤 식당에 수십 번을 갔는데 그때마다 음식이 훌륭했다면, 오늘 처음 실망했다고 다시는 그 식당에 가지 말아야 할까?

그럴 일은 없을 것이다.

그러한 불합리성을 상쇄하려면 계속하기 혹은 바꾸기 전략에 한 가지 요소를 추가해야 한다. 긍정적 혹은 부정적 결과가 연속적으로 이어진다 하더라도 한 번쯤은 변화를 주자는 것인데, 구체적으로 말하자면 다음과 같다. 둘 중 한 대의 슬롯머신에서 연달아 돈을 땄다 하더라도 한 번쯤은 머신을 갈아타는 것이다. 횟수는 10번 중 1번 정도가 적당할 듯하다. 긍정적 결과가 나왔다 하더라도 전체 승리 횟수 중 10퍼센트는 다른 머신으로 옮겨가는 것이다. '옛것'의 만족도가 매우 높다 하더라도 한 번쯤은 '새것'으로 갈아타는 편이 승리의 기회를 더 높일 수도 있기 때문이다.

대자연의 '도박'

유전자의 형태가 별다른 이유 없이 변화되어 나타나기도 한다. 자연적 변이가 일어나는 것이다. 지구상에 수많은 생물 종이 존재하는 이유도 그 때문이다. 그런데도 대자연은 지금도 늘 새로운 것을 시도한다. 변화가 개선을 의미할 때도 있기 때문이다. 이를 통해 더 뛰어난 유전자를 지닌 생물 종이 탄생할 수 있다. 반대로 돌연변이 유전자가 질병이나 기타 부정적 효과를 양산할 수도 있다. 하지만 열성 유전자들은 자체적으로 번식을 중단하고, 언젠가는 멸종한다. 그러므로 대자연도 '도박'을 하는 것이다. 돌연변이야말로 긍정적 변화를 이끄는 원동력일 수도 있다. 대자연이 생물 종의 유전자를 늘 똑같이 복제하기만 하면 지구상 생물은 더는 발전할 수 없을 것이다.

반대로 부정적 결과가 나왔다 하더라도 10번 중의 1번은 엉덩이를 떼지 말고 자리를 지킨다. 전체 패배 횟수 중 10퍼센트 정도는 내게 실망을 안겨준 슬롯머신에 기회를 한 번 더 주는 것이다. 다시 말해 보수적 성향과 새로운 것의 호기심 사이에서, 적절하게 타협하는 것이다.

10퍼센트의 유보하는 태도를 더한 덕분에 계속하기 혹은 바꾸기 전략의 극단성이 완충된다. 원래의 단호한 전략에 비해 한층 '유연'해진

버전은 실제 삶에서 훨씬 나은 결과를 낳을 수 있다. 특히 비슷한 종류의 결정을 되풀이할 때 해당 전략은 더더욱 진가를 발휘할 것이다.

과거의 경험이나 기타 정보가 전혀 없는 상황이라면 다양한 기회 중 어떤 것을 골라도 큰 차이가 없다. 그런데 해당 기회에서 긍정적 결과를 도출했다면 우리는 대개 그 방식을 계속 고수한다. 그런데도 10번 중 1번은 새로운 방법을 모색하는 것이 좋다. 내가 처음 고른 가능성에서 부정적 결과가 나타났다 하더라도 매번 다른 방법으로 갈아타는 대신 10번 중 1번은 '한 번 더!' 기회를 주는 것이 좋다.

29

경매 입찰 시 유용한 전략과 속임수

차점가 경매 방식은 최고가 경매 방식보다
판매자에게 오히려 유리하다. 차점가 경매에 참여하는 입찰자들은
진심이 담긴 가격을 제시해야 하기 때문이다.

1797년, 몇 가지 중대한 사건들이 일어났다. 존 애덤스John Adams가 미국의 제2대 대통령에 당선되었고, 프로이센의 국왕 프리트리히 빌헬름 2세Friedrich Wilhelm II가 사망했으며, 폴란드의 시인 요제프 비비츠키Jozef Wybicki가 '폴란드는 아직 패배하지 않았다'로 시작하는 폴란드 국가를 썼다.

요한 볼프강 폰 괴테는 그때 무얼 하고 있었을까? 당시 괴테는『헤르만과 도로테아*Hermann und Dorothea*』를 출간할 출판사를 물색하고 있었다.

괴테는 출판사들이 원고료를 짜게 부르는 관행을 알고 있었지만 원고료를 둘러싸고 출판사와 기나긴 씨름을 하기는 싫었다. 괴테는 피베크 출판사의 대표인 프리트리히 피베크Friedrich Vieweg에게 한 가지 제안을 한다. 괴테는 심부름꾼 한 명에게 봉인된 편지봉투를 들고 피베크를 찾아가라고 한다. 봉투 안에는 괴테가 희망하는 고료가 적혀 있었다. 심부름꾼 앞에서 피베크는 원고료를 얼마나 줄 것인지 먼저 제안해야 했다. 피베크가 제안한 고료가 괴테의 희망 고료보다 낮은 경우 계약은 성사하지 않을 것이었다. 피베크의 제안금액이 괴테의 희망 고료보다 높은 경우에도 괴테는 편지에 적힌 고료 이상은 받지 않겠다고 했다. 그다음 편지봉투를 개봉해 괴테가 적은 금액을 확인하고 출판계약을 마무리한다.

괴테의 아이디어는 기발했다. 피베크는 처음부터 자신이 생각하는 원고료를 솔직하게 제시해야만 했다. "미안, 미안. 내가 너무 낮은 금액을 불렀군. 얼마면 되겠나? 얼마를 더 얹어주면 되겠나?" 같은 말은 통하지 않는 상황이기 때문이다. 함부로 고료를 낮춰 불렀다가는 계약은 물 건너간다. 괴테의 작품을 높이 평가하고 있다면 반드시 자신이 제시할 수 있는 최고액을 제시해야만 했다.

괴테와 피베크 사이에 계약은 과연 성사되었을까?

그 심부름꾼은 괴테의 지시를 어겼다. 심부름꾼은 피베크에게 먼저 자신의 주인이 1000탈러Taler를 원한다고 말했고, 피베크는 그 금액에 동의했다. 그것으로 계약은 성사되었다. 괴테는 피베크가 제시한 금액과 자신의 원하는 금액이 한 치의 오차가 없다는 것에 매우 놀랐지만, 어쨌든 1000탈러는 분명 큰 금액이었기에 만족하며 계약서에 서명했다. 『헤르만과 도로테아』는 베스트셀러가 되었고, 피베크는 괴테의 생전 출간 작품으로 손해를 보는 대신 수익을 거둔 유일한 출판업자로 역사에 남았다.

괴테의 흥정 방식은 약 200년 뒤 '차점가 봉인입찰second-price sealed-bid'이라는 이름으로 경제학 이론서에 이름을 올린다. 차점가 봉인입찰 방식에서는 입찰자들이 어떤 물품에 각자의 입찰가를 쓴 다음 밀봉해서 제출한다. 그중 가장 높은 금액을 적은 사람이 낙찰을 받는 것이다. 그런데 한 가지 특이한 점이 있다. 낙찰자가 자신의 입찰가를 지불하는 것이 아니라 두번째로 높은 입찰가, 즉 차상위 가격second price을 지불하는 것이다. 피베크와의 거래에서 괴테가 활용한 방법이 바로 그것이었다. 피베크가 자신의 희망 고료보다 조금이라도 높은 가격을 제시할 경우, 자신이 적은 금액은 차상위 가격이 되는 것이다.

경매는 매우 오래된 거래 방식이다. 그리스에서는 기원전 500년경에 경매 거래가 성사된 기록이 있다. 당시 경매 대상은 주로 여성들이었다. 경매 시작가는 대개 매우 높았다. 그러다가 시간이 지날수록 낙찰가가 떨어지고 남성 구매자가 나타나면 그것으로 거래는 끝이 났다. 매력적이고 아름다운 여성일수록 낙찰가가 높았고 덜 매력적인 여성의 경우, 판매자 측에서 지참금이나 웃돈을 얹어주어야 비로소 낙찰자를 찾을 수 있었다. 인간의 존엄성과 인권을 무시한 잔인한 인신매매 관행이었다.

판매자가 가장 높은 가격을 제시한 후 낙찰가를 조금씩 낮추다가 구매자가 나타나면 거래가 종료되는 경매 방식을 '네덜란드식 경매'라 부른다. 지금도 네덜란드 꽃시장에서는 이러한 경매 방식을 활용하고 있다. (대상이 사람이 아니라 꽃이라니 얼마나 다행인지 모르겠다.)

괴테가 피베크와의 거래에서 자신의 희망 고료를 먼저 말한 것이 어찌 보면 황당하고 불합리하게 들릴 수도 있지만, 그 방식이야말로 전 세계 경매시장에서 가장 많이 활용하는 방식이다. 온라인 경매 사이트인 이베이ebay 역시 이와 유사한 방식을 따르고 있다. 참고로 이베이 경매 목록에 등록된 물품의 건수가 하루 평균 200만 건에 달한다고 한다.

이베이에서도 최고가를 제시한 사람이 물건을 낙찰받는다. 낙찰자가 실제로 지불해야 할 금액은 자신의 입찰가가 아니다. 두번째로 높은 입찰가에다 한 단위의 호가를 더한 액수만 지불한다. 여기에서 말하는 '호가'란 내가 다른 입찰자의 입찰가보다 높은 가격을 제시하고 싶을 때 더해야 하는 금액의 최소 단위를 뜻하고, 한 단위의 호가는 대개 아주 적은 금액(예를 들어 5달러, 10달러 등)이다.

내 삶은 얼마일까?

2008년 호주에 살고 있던 영국 출신의 그래픽디자이너 이언 어셔Ian Usher는 자신의 삶을 송두리째 이베이에 경매로 내놓았다. 아내와 이혼한 뒤 자신의 존재 전체를 부정하고 싶은 마음이 들었고, 그때까지 자신의 삶을 구성하던 것들을 모조리 처분하고 새 출발을 하고 싶었다. 당시 어셔가 매물로 내

놓은 '내 인생 종합 패키지'에는 퍼스에 있는 집과 집 안에 있던 각종 가재도구, 구형 마쓰다Mazda 차량 한 대, 가와사키 오토바이 한 대, 제트스키, 자신이 현재 재직 중인 직장에서 2주간 인턴과정을 마칠 수 있는 권리 등이 포함되어 있었다. 최고가를 입찰한 이에게는 자신의 친구들을 모두 소개해주겠다고 제안했다.

경매 시작일은 2008년 6월 22일이었다. 입찰 종료 후 어셔는 자신의 삶이 호주 달러로 39만 9300달러의 가치가 있다는 사실을 알게 되었다. 유로화로 환산하면 25만 유로 정도이다. 돈을 손에 넣은 어셔는 세계여행길에 올랐고, 100주에 걸쳐 꼭 가보고 싶었던 100곳을 방문했다. 만리장성, 칸 국제영화제 등을 거쳐 2010년 7월 4일에는 자유의 여신상 꼭대기에 올랐다. 이후 어셔는 여행기를 출간했고, 디즈니에서 어셔의 이야기를 영화로 만들었다. 현재 어셔는 세계적으로 인기 있는 강연자이자 동기부여 전문가로 활약하고 있다.

차점가 경매 방식이 판매자에게 불리하게 보일 수 있다. 최고가 경매 방식으로 가면 더 많은 돈을 벌 수 있을 것 같지만 현실은 그렇지 않다. 차상위 가격 경매 방식에 참가하는 입찰자들은 진심이 담긴 가격을 제시해야 하기 때문이다.

왜 그럴까? 먼저 입찰자 입장에서 생각해보자.

첫째, 자신이 진짜로 생각하는 가격보다 낮은 금액을 적어내는 것이 입찰자 입장에서 유리할 게 없다. 사실 내가 생각하는 물건의 가치보다 낮은 금액을 적어냈다 하더라도 내가 제시한 가격이 최고를 유지하면 큰 문제는 없다. 이 경우에 어차피 지불해야 하는 금액에도 변화가 없다. 하지만 주관적 적정가보다 낮은 금액을 적어냈을 경우, 내 입찰가가 최고가 자리를 유지한다는 보장이 없다. 대부분의 입찰자는 자기가 마음속으로 생각하는 한도액을 넘지 않는 이상, 내가 제시한 금액이 최고 입찰가 자리를 유지하기 바란다.

둘째, 마음속 한도액보다 더 높은 입찰가를 제시하는 것도 최상의 전략이 아니다. 이 경우, 최고 입찰가 자리를 지킬 확률은 높아지겠지만, 필요 이상 높은 금액을 지불할 위험이 커지기 때문이다. 그런데도 몇몇 입찰자들은 조바심 때문에 마음이 흐트러지고 만다. 실제로 누군가가 내 마음속 한도액보다 더 높은 가격을 제시하면 심각한 내적 갈등에 빠지기도 한다.

차점가 경매 방식과 달리 최고가 경매 방식에 참가한 입찰자들은 경쟁자들의 입찰가가 자신의 입찰가보다 낮을 것으로 예측 가능한 상황이라면 본능적으로 마음속 한도액보다 낮은 가격을 적어내는 경향을 보인다. 되도록 적은 금액에 원하는 물건을 사고 싶기 때문이다.

즉 최고가 경매 방식에 제출되는 입찰가가 차점가 경매 방식의 입찰가보다 낮을 수밖에 없다. 하지만 차점가 경매 방식의 경우, 낙찰자는 자신의 입찰가가 아닌 차상위 입찰가만 지불하기 때문에 최고가 경매 방식보다 좀 더 과감하게 입찰가를 올리는 경향이 있다. 차점가 경매가 지닌 장점이 차점가 경매로 판매자에게 돌아갈 불이익을 상쇄하는 효과를 발휘하는 것이다. 회계 분야에서는 두 경매 방식이 지닌 장단점이 결국 상쇄되는 현상을 두고 '비용-수익 대응cost-revenue parity'이라고 한다.

이베이 경매에 참여한 적이 있는가? 입찰자들이 어떤 전략을 쓰는지 살펴본 적이 있는가? 이베이 경매에서 낙찰을 받으려면 마음속 최고 한도액을 제시하며 경매에 뛰어드는 것이 효과적이다. 어차피 한 단위의 호가는 매우 낮은 금액이고, 차점가 경매 방식이기 때문이다.

그 외에도 몇 가지 주의사항이 있다. 정말 갖고 싶은 손목시계 하나를 발견했다고 치자. 내가 지불할 수 있는 최대 금액인 100유로를 적어냈다. 경매 종료를 1분 앞둔 시점에서 차상위 낙찰가는 80유로이다. 드디어 저 시계가 내 손목에 걸릴 수 있겠군!

경매 종료 후 다시 이베이에 들어가 보니 누군가가 나보다 1유로 더 많은 101유로를 써냈다. 이른바 '이베이 저격수'에게 저격을 당한 것이다. 경매 종료 10초 전에 어떤 작자가 나보다 높은 가격을 적어냈다. 나는 크게 한 방을 먹었다. 내가 손 쓸 수 없는 최후 몇 초 사이에 그런 일이 벌어졌다. 이베이에서는 이런 일이 빈번하게 일어난다.

여기서 우리가 얻을 수 있는 교훈은?

그렇다, 우리가 직접 저격수가 되는 것이다! 한도액을 너무 빨리 노출해서는 안 된다. 내 마음속 한계액을 경매 종료 직전에 제출하고, 그 다음 상황을 지켜봐야 한다. 남은 시간이 짧을수록 내가 낙찰받을 확률은 높아진다. 저격수들이 클릭할 기회조차 없을 만큼 아슬아슬한 순간에 내가 원하는 금액을 적어내야 한다. 그런데도 나보다 더 높은 금액을 제시한 사람이 있다면? 아쉽지만 그땐 어쩔 도리가 없다.

경매라고? 그럼 입찰을 해야지!

어느 경매인이 입찰 진행 중 잠시 거래를 멈추고 안내방송을 했다. 그 자리에 있던 어느 여성이 핸드백을 잃어버렸는데, 가방을 찾아주는 이에게 100유로의 사례비를 주겠다는 내용이었다. 입찰자 한 명이 큰소리로 외쳤다. "여기 120유로요!"

결론: 이베이 경매에 참여하기 전에 얼마까지 지불할 용의가 있는지 결정하자. 그 한도액을 경매 종료 시점에 최대한 가까운 타이밍, 단 몇 초 후면 낙찰 여부를 확인할 수 있을 정도로 촉박한 타이밍에 제출하시라!

30

참말을 이용한 거짓말

우리가 가슴에 새겨야 할 것은 하나뿐이다.
기회나 위험이 얼마나 큰지를 보여주는 것은
오로지 절대수치뿐이라는 사실이다.

1995년 영국. 3세대 경구피임약을 둘러싼 장기간의 연구 결과가 공개되었다. 해당 연구에 참여한 학자들은 "기존의 피임약 대신 이 새로운 형태의 피임약을 복용하는 여성의 경우, 혈전 관련 부작용을 겪을 위험이 무려 100퍼센트 높다"라고 주장했다.

듣기만 해도 아찔하다. 해당 발표문은 긴급속보로 각종 미디어에 타전되었고, 미디어는 그 내용을 대서특필했다. 바짝 긴장한 보건부는 기자회견을 열어 관련 성명을 발표하고, 20만 명에 달하는 의사들에게 설명서를 발송했다.

결과는 공황상태에 가까웠다. 많은 여성이 피임약 복용을 중단했다. 영국에서는 그 이전까지 원치 않는 임신율이 꾸준히 낮아지고 있었다. 하지만 그 사건으로 판세가 뒤집혔다. 나중에 발표한 통계에 따르면, 이듬해에 낙태 건수가 전년 대비 1만 건 늘었고, 16세 미만 소녀들의 임신 건수도 1000건이 늘었다. 신생아 수도 전년 대비 1만 3000명이 늘었다.

그 발표 뒤에 숨어 있는 사실은 무엇이었을까? 기존의 피임약을 복용하는 여성 7000명 중 혈전 관련 부작용을 겪은 사람은 한 명이었다. 하지만 3세대 피임약의 경우에는 7000명 중에 '무려' 2명에게 혈전 관련 부작용이 관찰되었다. 한 명이 2명으로 늘었으니 100퍼센트 늘어난 것이다!

만약 연구 내용을 국민에게 상세히 알려주었다면 공황상태는 일어나지 않았을 것이다. 7000명 중 한 명이 더 위험에 노출되기 때문이다. 이때 한 명은 절대수치이다. 즉 증가율을 절대수치로 표현한 것이다. 하지만 100퍼센트는 상대적 증가분이다. 둘 사이에 얼마나 큰 차이가 있는지 보이는가? 원칙적으로 둘 다 틀린 수치는 아니다. 하지만 상대수치로 표시해놓으니 위험증가율이 지나치게 높아 보이지 않는가?

해당 연구 결과를 국민에게 저 '따위'로 전달한 것은 무책임한 행위였다. 숫자를 이용한 범죄였다.

의학계에서는 이런 일들이 자주 일어난다. 의학계에서는 위험률이나 사망률, 치료 성공률 같은 수치들을 그때그때 필요에 따라 절대수치 혹은 비교수치로 발표한다. 어떤 것을 비교할 때 그 차이가 작아 보여야 유리할지 커 보여야 유리할지에 따라 절대수치 혹은 상대수치를 임의로 고르는 것이다.

우리가 가슴에 새겨야 할 건 하나뿐이다. 기회나 위험이 얼마나 큰지를 보여주는 것은 오로지 '절대수치'뿐이라는 사실이다!

한 문장에 절대수치와 상대수치를 번갈아 써놓을 때도 있다. 그런 경우, 시청자나 독자는 핵심을 짚지 못한다. 언젠가 어느 안내용 전단에 "호르몬 보충요법을 받는 여성이 대장암에 걸릴 확률은 최대 50퍼센트 줄어드는 반면, 유방암에 걸릴 위험은 0.6퍼센트, 즉 1000분의 6밖에 늘어나지 않는다"라는 문구가 적혀 있는 것을 본 적이 있다.

50퍼센트라는 수치가 '상대적' 위험률이라는 설명은 어디에도 나와 있지 않았다. 따라서 50퍼센트라는 수치만 보면 위험률이 극적으로 낮아진다고 생각하기 쉽다. 0.6퍼센트가 '절대적' 수치라는 설명도 없었다. 0.6퍼센트라는 숫자만 봐서는 위험률 상승분이 아주 낮아 보인다. 그러나 1000명 중 6명은 결코 적은 숫자가 아니다. 그런데도 그 전단지를 읽은 사람들은 착각에 빠질 수밖에 없다. 물론 수치 자체가 거짓은 아니다. 하지만 이는 분명 '참말을 이용한 거짓말'이다!

앞서 강조했듯, 절대수치에만 관심을 가지는 것이 우리가 가장 안심하고 판단할 수 있는 길이다. 위 전단 속 절대수치는 호르몬 보충요법을 받으면 유방암 발병 위험이 0.6퍼센트 높아진다고 말하고 있다. 엄밀히 따지면 득보다 실이 많다는 뜻이요, 유방암에 걸릴 확률이 그만큼 '높아진다'라는 뜻이다. 하지만 전단 속 광고문구만 봐서는 오히려 반대로 생각하기 쉽다.

또 다른 사례를 하나 들어보겠다. 2005년부터 독일은 유방암 조기진단 프로그램을 운영하고 있다. 50~60세 사이의 여성들은 모두 유방조영술을 받으라는 통지서를 받는다. 비용은 공공 보험사들이 전액 부담하는 조건이다. 지금까지 2000만 명의 여성이 해당 프로그램에 참여했다. 하지만 이러한 광범위한 선별검사의 유용성 논란도 만만치 않다. 그 이유는 숫자를 자세히 들여다보면 알 수 있다.

포괄적 선별검사 찬성론자들은 많은 여성이 유방암 조기진단에 참여할 경우, 해당 질병으로 인한 사망률이 25퍼센트 줄어든다고 주장한다. 옳은 말이다.

유방암 조기진단을 받지 않고 사망하는 여성도 있고 조기진단을 받았음에도 사망하는 여성도 있다. 후자의 사망률은 전자보다 25퍼센트가 낮다. 좋은 일이다. 정부가 포괄적 유방암 조기진단 프로그램을 도입한 것도 그런 통계학적 근거 덕분이다.

정보를 더 자세히 한번 들여다볼까? 조기진단 프로그램에 참여한 여성 1000명당 유방암 진단을 받고 3년 이내에 해당 질병으로 사망한 여성은 3명이었다. 참가하지 않은 여성 중 유방암으로 사망한 여성은 4명이었다. 4명이 3명으로 줄어들었으니 25퍼센트가 줄었다는 말은 옳은 말이다. 상대적 감소율은 분명 25퍼센트이다.

관점을 바꿔서 관찰해보자. 사망률 대신 생존율을 살펴보자는 것이다. 살아남는 게 우리의 목표요, 그게 가장 중요하기 때문이다. 이제부터는 유방암으로 사망한 여성들 말고 살아남은 여성들의 수를 살펴보겠다.

선별검사에 참여한 여성 1000명 중 이후 3년 안에 사망하지 않은 여성은 997명이다. 조기진단에 참여하지 않은 여성 1000명 중에는 996명이 살아남았다. 유방암 조기진단에 참여한 여성 1000명당 최소 3년 동안 목숨을 부지한 여성이 비참가 집단에 비해 단 한 명 더 많았다. 그게 유방암 조기진단의 긍정적 효과, 즉 효용이다. 솔직히 말해 1000명당 한 명은 그다지 많아 보이지 않는다.

눈길을 부정적 효과 쪽으로 돌려보겠다. 1000명당 999명은 선별검사를 통해 아무런 이득을 보지 못했다. 오히려 피해를 봤을 수도 있다. 첫째, 유방조영술을 할 때 방사선에 노출되는데, 비록 작은 선량이지만 분명 암 발병률을 높이는 효과가 있다. 여성 1만 명당 한 명은 실제로 방사선 노출에 따른 유방암으로 사망한다는 통계도 있다.

둘째, 유방조영술이 제대로 작동하지 않아서 멀쩡한 사람을 유방암 환자로 둔갑시키는 일도 있다. 그러한 거짓 양성반응은 자주 나타난다. 유방암 조기진단 목적으로 유방조영술을 받은 50~69세 여성 중 절반은 거짓 양성반응이 나온 적이 있다고 말한다. 유방암 진단을 받고 나면 삶의 질이 떨어질 수밖에 없다. 실제로는 환자가 아니지만 공연히 병원을 드나들며 수차례 검진을 받아야 하고, 필요하지 않은 치료를 받는 일도 있고, 심지어 필요하지 않은데 위험한 수술을 무릅쓰는 일도 있다.

그 외에도 결정적 문제가 더 있다. 선별검사에 참여한 여성들의 평균수명이 참여하지 않은 여성의 평균수명보다 특별히 길지 않았다는 것이다. 그 말은 선별검사가 사망원인을 약간 뒤로 미루거나 몇몇 여성의 수명에 변화를 일으켰을 뿐, 전반적이고 획기적인 수명연장 효과를 발휘하지 못했다는 뜻이다. 조기검진을 받은 여성 1000명 중 한 명은 분명 집중 치료를 받았을 것이고, 그 덕분에 수명을 조금 연장할 수 있었을 것이다. 문제는 거짓 양성반응이 나타난 여성들이나 종양이 분명 있지만 큰 피해가 걱정되지 않는 여성들의 경우, 수명이 오히려 짧아졌다는 것이다. 그 둘을 평균해서 보면 결국 선별검사가 아무런 효과도 발휘하지 못했다는 결론이 나온다.

난 빠질게요!

교육학 전문가인 게르트 기거렌처가 어느 여의사와 인터뷰를 진행했다. 여의사는 이렇게 말했다. "산부인과 의사 입장에서 보면, 환자에게 유방조영술을 받지 말라고 말하기가 쉽지 않습니다. 유방암에 걸린 뒤 나를 찾아와 그때 왜 유방조영술을 받으라고 하지 않았느냐며 원망하는 경우가 많기 때문이죠. 나는 환자들한테 유방조영술을 권해요. 솔직히 권장할 만한 일은 아니라고 생각하지만 내겐 선택의 여지가 없어요." 해당 의사는 정부가 주도하는 조기진단 프로그램에 참여한 적이 있냐는 기거렌처의 질문에 그런 적이 없다고 대답했다.

여성들에게 유방암이라는 위협요인이 있다면 남성들에게는 전립선암이라는 무시무시한 공포가 기다리고 있다. 데이비드 스피겔할터는 어느 역학조사에서 18만 2000명의 남성들을 임의로 선별한 뒤 그중 일부는 전립선암 조기검진을 받게 하고, 나머지는 조기검진에서 제외했다. 의사들이 11년간 관찰한 결과, 검진을 받은 남성들의 사망률이 검진을 받지 않은 남성들의 사망률보다 20퍼센트 낮았다.

이 수치도 상대수치이다. 일단 의심해볼 만하다는 뜻이다. 의심이 갈 때는 어떻게 해야 할까? 그렇다, 절대수치를 살펴봐야 한다. 의사들이 말하는 20퍼센트는 사실 남성 1000명당 한 명이었다. 검진을 받지 않는 남성이 5명 사망할 때 검진받은 남성은 4명'밖에' 사망하지 않았다는 뜻이다. 5명이 4명으로 줄어든 것뿐이다.

전립선암에도 여러 종류가 있는데, 대부분 생명에 무해하다. 비뇨기과 전문의들 사이에서는 전립선암을 '인생반려암'이라고 부르기도 한다. 전립선암은 분명 환자가 안고 살아가야 하는 질병이지만, 그것 때문에 죽을 일은 없다는 뜻이다. 우리 몸속에는 우리 자신도 알지 못하는 질환들이 똬리를 틀고 있다. 그 질병이 특별한 통증이나 불편을 초래하지 않는 경우, 대부분 모르고 살아간다.

각종 사고로 목숨을 잃은 사망자들을 부검해본 결과, 50~60대 남성 중 절반이 전립선암 초기 단계에 있었다는 사실이 밝혀진 바 있다. 80세 이상에서는 심지어 80퍼센트가 전립선암을 앓고 있었다. 하지만 전립선암으로 인한 사망률은 4퍼센트다. 사망한 4퍼센트도 대부분 평균수명 이상으로 장수한 이들이었다. 내 결론은 "전립선암으로 '인해' 사망할 확률은 거의 없다. 단지 전립선암을 '떠안고' 사망했을 뿐이다"라는 것이다.

전립선암 진단 체험기

전립선암을 진단할 때에는 전립선 특이항원, 즉 PSA Prostate Specific Antigen 수치를 검사한다. 하지만 PSA 수치는 정확하지 않다. 그와 관련해 개인적 경험담을 풀어보겠다. 최근 PSA 수치가 매우 높게 나왔다. 자주 가는 병원의 의사는 내게 비뇨기과에 가보라고 권했다. 초음파검사 결과, 아무런 문제가 없었다. 하지만 PSA 수치는 여전히 높았다. 4주 후 재검사를 실시했지만 결과는 마찬가지였다. 비뇨기과 의사는 MRI 진단을 권했다. 침대에 누워 둥그런 터널 안으로 들어가라는 것이었다. 나는 의사의 권유를 따랐다. 방사선과 전문의는 내가 암에 걸렸을 확률이 90퍼센트라며 생체조직검사를 받으라고 했다. 그래? 의사가 그렇게 말한다면 그대로 따라야지. 다행히 생체조직검사 결과, 암에 걸리지 않았다는 최종 진단이 나왔다. 시간이 조금 흐른 뒤 PSA 수치도 떨어졌다. 비뇨기과 의사는 내게 지난 시간을 되돌아보며 앞으로는 더 조심하라는 대단한 충고를 건넸다.

결론: 건강 분야도 일종의 불확실성의 세계이다. 어느 날 갑자기 어떤 증상이 느껴지면 우리는 그 병 때문에 내일이라도 당장 죽을 것처럼 염려한다. 하지만 통증은 시간이 지나면 대부분 저절로 사라진다. 위험 요인을 정확히 예측하고 싶다면 진지한 연구 결과를 참고해야 한다. 내게 어떤 위험이 다가오고 있다는 느낌이 들 때면 늘 '절대'수치를 찾아봐야 한다. 더불어 그 위험이 얼마 동안 지속할지도 따져봐야 하고, 어느 연령층 혹은 어느 직업군 혹은 어느 집단에 특히 더 해당되는지도 꼼꼼히 살펴봐야 한다. 그렇게 다양한 정보들을 수집한 뒤 검진을 받을지 말지를 결정하는 것이 좋다. 나아가 진단 결과가 '거짓 경보'일 가능성도 염두에 두어야 한다. 혹시 독자들은 건강검진 결과서를 받아들고 나니 지금까지 없던 병이 새로이 생겨난 경우는 없는지?

31

신의 존재 증명하기

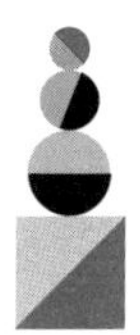

천재 수학자 쿠르트 괴델은 정리벽이
극도로 심한 인물이었으며, 전지전능한 신도
분명 모순점을 지니고 있을 것이라고 믿었다.

오스트리아의 수도 빈, 1927년 어느 날 20세기 최고로 기이한 러브스토리가 시작된다. 쿠르트Kurt와 아델레는 산책 중에 알게 된 사이이다. 그들은 지금 어느 커피숍에 함께 있다.

쿠르트는 순진한 미혼남이다. 아버지는 사업체를 운영하는 기업가다. 대학에서 수학을 전공한 쿠르트는 소심한 편이고, 농담이나 유머와는 거리가 먼 매우 진지한 성격이다. 외모는 깡마르고 초췌하다. 낯빛은 환자처럼 창백하고 핏기가 거의 없다. 바깥세상에는 관심이 없고 강한 생활력과 거리가 먼 전형적인 공붓벌레의 모습이다.

아델레는 정반대이다. 결혼했고, 직업은 댄서이며, 쿠르트보다 몇 살 연상이다. 서민 가정에서 태어난 탓에 어린 시절 충분한 교육을 받을 금전적, 시간적 여유가 없었다. 아델레는 쾌활한 성격에 거침없는 말투의 소유자로, 때로 신랄한 비판이나 매몰찬 독설도 서슴지 않는다. 인생의 목표는 '즐기기'이다.

쿠르트는 새 모이 정도 될까 말까 한 양의 음식을 주문했다. 탄산이 없는 생수도 시켰다. 아델레는 케이크와 크림이 듬뿍 든 크루아상과 셔벗을 주문한다. 버번위스키도 큰 잔으로 한 잔 주문한다.

쿠르트의 성씨는 괴델Gödel이다. 청년 쿠르트 괴델은 훗날 20세기의 가장 이름난 수학자 중 한 명이 된다. 아리스토텔레스 이후 최고의 논리학자라는 명망도 얻었다. 아델레 님부르스키Adele Nimbursky는 나이트클럽에서 춤을 추는 아름다운 여인으로, 인생을 즐길 줄 알았다. 논리학에 대해서는 거의 아는 바가 없었다.

쿠르트는 아델레에게 논리학이 왜 재미있는지를 열심히 설명했고, 아델레는 쿠르트의 마음을 사로잡는 데 관심이 있었을 것이다. 나는 두 사람의 첫 데이트가 그렇게 흘러가지 않았을까 상상한다.

쿠르트 괴델은 당시 수학이라는 학문이 태동한 이래 가장 혁명적인 깨달음에 다가가고 있었다. 이후 괴델은 '불완전성 정리incompleteness theorem'라는 이론을 발표하며 수학에도 한계가 있다는 사실을 밝혀냈다. 참인지 거짓인지 증명할 수 없는 명제가 분명 존재한다는 것이다. 괴델은 그 이유가 수학자들의 무능함 때문이 아니라 원래 그렇게 될 수밖에 없는 것이라는 설명을 덧붙였다.

예를 들어 '나의 존재는 증명할 수 없다'라는 재귀적 명제가 있다고 가정해보자. 이 명제가 참이라면, 위 문장에서 말하듯 내 존재는 증명할 수 없어야 한다(전자). 만약 내 존재를 증명할 수 있다면 이 명제는 거짓이라는 뜻이다(후자). 후자의 경우, 논리적 모순이 발생한다. 거짓인 명제(=내 존재는 증명할 수 없다, 나는 어쩌면 존재하지 않는다)를 참인 것(내 존재를 증명할 수 있다)으로 증명할 수 없기 때문이다. 전자의 경우, 위 명제가 참인 경우에만 논리적 타당성을 지닌다. 내 존재를 증명할 수 없다는 것이 참인 경우에만 논리적으로 말이 된다는 뜻이다.

위 내용은 괴델의 불완전성 정리를 요약한 것이다. 그런데 전지전능한 신조차도 몇몇 명제에 대해서는 참인지 거짓인지를 판단할 수 없을 때가 있다.

1939년, 쿠르트와 아델레는 결혼했고, 두 사람은 오스트리아를 등지고 미국으로 향했다. 오스트리아의 일부가 제3제국, 즉 히틀러 정권의 영토로 편입되었기 때문이다. 두 사람이 도착한 곳은 미국의 작은 대학도시 프린스턴Princeton이었다.

이후 알베르트 아인슈타인Albert Einstein도 그곳에 합류한다. 괴델은 상대성이론의 창시자인 아인슈타인과 같은 눈높이에서 대화를 나눌 수 있는 몇 안 되는 학자 중 한 명이었다. 훗날 아인슈타인은 당시 연구소를 자주 찾은 유일한 이유는 괴델과 함께 집으로 돌아오는 길에 대화를 나누는 게 즐거워서였다고 털어놓은 적이 있다.

아인슈타인이 세상을 떠나자 괴델은 비탄에 빠졌고, 이후 그 어떤 논문이나 저술도 발표하지 않았다. 인간에게 극도의 적대감을 품게 된 것이었다. 그 적개심은 나중에 피해망상으로 발전한다. 괴델은 아델레가 해주는 요리, 그중에서도 자신이 보는 앞에서 아델레가 먼저 시식한 음식만 먹었다. 아델레가 뇌졸중으로 요양원으로 가자 괴델은 음식물 섭취를 중단했다. 1970년, 쿠르트는 30킬로그램이 될까 말까 한 몸무게로 죽음을 맞이했다.

괴델은 정리벽이 극심했다. 모든 사안에 기를 쓰고 모순점을 찾으려고 노력했다. 수학이 지닌 모순점을 찾아내고, 그것을 불완전성 정리로 이론화한 것도 그런 성향 때문이었을 것이다. 그는 전지전능한 신도 분명 모순을 지니고 있을 것이라 믿고, 그 부분도 집중적으로 파고들었다.

괴델이 세상을 떠난 후 그가 머물던 공간에서 신의 존재를 입증하는 메모가 발견되었다. 생전에는 발표하지 않은 자료였다. 발표하지 않은 이유는 사람들이 해당 메모를 일종의 신앙고백으로 받아들일 것을 염려해서였다고 한다.

"그건 내 알 바 아니지!"

만약 신이 실제로 세상을 창조했다 하더라도
신의 주된 관심사가
인간이 이해할 수 있는 세계를 만들어내는 것이
아니었던 것은 확실하다.

– 알베르트 아인슈타인

메모의 첫 부분에서 괴델은 '신'을 모든 '긍정적' 속성을 지닌 존재로 정의한다. 여기에서 말하는 긍정적 속성이 도덕적 의미에서의 긍정적 속성은 아니었다. 이를테면 희생정신을 긍정적 특징으로 간주한 것은 아니었다. 괴델이 말하는 긍정적 속성은 논리적으로 다른 어떤 속성과도 모순이 아닌 것을 의미했다. 반론의 여지가 없는 상태를 긍정적 상태라 본 것이다. 예를 들어 '둥근 사각형'은 일종의 형용모순이기 때문에 긍정적 속성이라 볼 수 없다. 괴델은 모든 속성은 반론의 여지가 없는 속성이거나 자기모순적 속성일 수밖에 없다는 이분법적 시각을 지니고 있었다.

오케이, 그러니까 신은 반론의 여지가 없는 속성들 모두를 지닌 존재라는 말이지? 좋아, 여기까진 이해됐다.

괴델은 신성神性 자체가 자기모순적이 아닌지 의심했다. 신성이란 결국 수많은 속성의 총합이다. 이때 각각의 속성은 반론의 여지가 없을 수도 있지만 그 속성들이 서로 부딪히면 모순이 발생하지 않을까?

괴델은 이를 검증하기 위해 다음 방법을 활용했다. 반론의 여지가 없는 각각의 속성은 자기모순적이지 않아야 한다. 그렇다면 모순의 여지가 없는 것에서는 모순의 여지가 없는 결론만이 탄생한다. 신성 역시 자기모순적이지 않아야 한다. 신성에 포함된 모든 속성이 반론의 여지를 지니고 있지 않으니까.

세번째 단계에서 괴델은 모순되지 않는 각각의 속성에 대해 대상물이 존재할 수 있다고 보았다. 즉 특정한 속성을 지닌 대상물이 있을 수도 있다고 본 것이었다. 괴델은 단정적으로 말하진 않았다. '어쩌면' 존재할 수도 있다고 말한 것뿐이다. 그런 대상물이 존재할 가능성을 완전히 배제할 수는 없기 때문이다. 다시 말해 괴델은 신성이 모순의 여지가 없으므로 이에 따라 신이 존재'할 수도 있다'라고 본 것이다.

증명의 마지막 단계에서 괴델은 신이 반드시 존재해야만 한다고 주장했다. 첫째, 신은 필연적으로 존재하거나 필연적으로 존재하지 않을 수 있다. 신이 절대로 존재하지 않을 것이라 단정적으로 말하는 것은 논리적으로 올바른 귀결이 아니다. 위에서도 말했듯 어떤 속성에 대해 어떤 대상물이 존재할 수도 있고 그렇지 않을 수도 있기 때문이다. 그 가능성이 존재하는 한, 신이 존재할 가능성도 (비록 매우 높지는 않지만) 분명 남아 있다. 따라서 신이 절대 존재하지 않는다고 말할 수는 없다. 괴델은 '신이 반드시 존재한다'와 '신은 절대 존재하지 않는다'는 두 명제 중 후자는 논리적으로 합당하지 않기 때문에 '신은 존재할 수밖에 없다'라고 보았다.

마지막 단계에서 괴델은 신이 존재할 '가능성'을 '신은 반드시 존재한다'로 발전시켰다. 거기까지 가기 위해 괴델은 매우 유용한 논리 단계를 활용했다. 괴델은 예컨대 '불을 손으로 잡으면 화상을 입는다'라는 명제에서 '불을 손으로 잡을 수 있다면 화상을 입을 수도 있다'라는 명제로 넘어간 것이었다.

괴델의 신 존재 증명은 유효성이 입증되었다. 최근 컴퓨터 전문가 2명이 괴델의 증명 과정을 컴퓨터 프로그래밍으로 변환시켰다. 프로그램을 돌려보니 컴퓨터는 괴델의 증명 과정이 논리적으로 타당하다는 결론을 제시했다.

그렇다면…… 컴퓨터도 기독교로 개종시킬 수 있다는 말일까?!

골프 대사기 사건

모세와 예수, 나이 지긋한 노인이 '골프 회동'을 했다. 첫번째 타자는 모세이다. 모세가 친 공은 연못에 빠졌다. 모세가 양팔을 어깨높이로 들어 올려 활짝 벌렸고, 이에 연못물이 갈라졌으며, 공은 파도를 타고 잔디 위에 안착했다.

다음은 예수 차례이다. 이번에도 공이 연못에 풍덩 빠지고 말았다. 예수는 침착하게 물 위를 걷더니 칩샷으로 홀 바로 옆까지 공을 날렸다.

마지막으로 노인이 공을 쳤다. 그 공 역시 연못에 빠졌다. 갑자기 개구리 하나가 입에 골프공을 문 채 땅 위로 폴짝 뛰어올랐다. 때마침 독수리 한 마리가 그 개구리를 낚아채 잔디 위에 내려앉았다. 개구리는 홀 바로 앞에서 입에 물고 있던 공을 뱉어냈다. 그때 바람이 불어 공이 홀 안으로 쏙 빠졌다.

모세가 예수에게 말했다. "이제 알겠나, 내가 왜 자네 아버님이랑 골프를 치기 싫어하는지?"

홀인원을 기록한 노인은 전지전능한 신이다. 그런데 괴델이 말한 신은 우리가 흔히 알고 있는, 만사에 능통하다는 신이 아니다. 괴델이 말하는 신은 모순의 여지가 없는 속성을 지닌 존재이다. 골프를 잘 치는 것도 과연 모순의 여지가 없는 속성이라고 할 수 있을까? 내 대답은 "글쎄"이다. 하지만 괴델이 말한 신이 전지전능하신 하느님이 아닌 것만큼은 분명하다.

전지전능이라는 속성은 모순의 여지가 없는 속성이 아니기 때문이다. 예를 들어볼까? 신은 과연 아무리 힘껏 샷을 날려도 꿈쩍하지 않을 무거운 골프공을 만들 수 있을까? 만들 수 없다면 전지전능하지 않은 것이다. 만들 수 있다 하더라도 전지전능하지 않다. 아무리 튼튼한 골프채를 잡고 있더라도 그 공을 결코 날릴 수 없을 테니까.

괴델의 신은 '아브라함과 이삭과 야곱이 섬긴 주님'과 거리가 멀다. 아브라함과 이삭과 야곱의 하느님은 천지를 창조한, 전지전능한 하느님이다. 괴델이 증명 여부를 밝힌 신은 그 신이 아니다. 괴델이 말한 신은 어느 정도의 깨달음이 있는 사람이라면 누구나 믿을 수 있는 신이다. 굳이 논리적으로 따지지 않아도 누구나 믿을 수 있는 신이다. 괴델의 신을 믿는 것이 우리 삶에 무슨 도움을 줄지는 나도 잘 모르겠다.

참고문헌

Abrahams, Marc: The Ig Nobel Prizes. *The Annals of Improbable Research*. Dutton. 2003

Agostino, Patricia V., Plano, Santiago A. & Golombek, Diego A.: Sildenafil accelerates reentrainment of circadian rhythms after advancing light schedules. *Proceedings of the National Academy of Sciences of the USA*, 104, 23, 9834-9839. 2007

Ajdacic-Gross, Vladeta u. a.: Death has a preference for birthdays - an analysis of death time series. *Annals of Epidemiology*, 22, 8, 603-606. 2012

Alexander, Christopher: *The Oregon Experiment*. Oxford University Press. 1975

Andersen, Martin: Composer in interview: Per Norgard recent and early. *Tempo*, 222, 10, 9-15. 2002

Apesteguia, Jose & Palacios-Huerta, Ignacio: Psychological pressure in competitive environments: evidence from a randomized natural experiment. *American Economic Review*, 100, 5, 2548-2564. 2010

Aristoteles: *Politik. Übersetzt und herausgegeben von Olof Gigon*. Dtv Verlagsgesellschaft. 2006

Axelrod, Robert: *Die Evolution der Kooperation*. 6. Auflage. Oldenbourg Verlag. 2005

Azis, Haris & Mackenzie, Simon: A discrete and bounded envy-free cake-cutting protocol for any number of agents. arXiv: 1604.03655v12. 2016

Barrow, John D.: Rowing and the same-sum problem have their moments. arXiv:0911.3551v1. 2016

BBC News: Golden Double for US Lottery Couple. 2002.12.13. news.bbc.co.uk/2/hi/americas/2571951.stm

Becker, Claudia: Das kann doch kein Zufall sein. DIE WELT-Online. 2013.5.6. https://www.welt.de/lifestyle/article115844904/Das-kann-doch-kein-Zufall-sein.html

Blastland, Michael & Spiegelhalter, David: *Wirst du nicht vom Blitz erschlagen, lebst du noch in tausend Jahren: was wirklich gefährlich ist*. Bastei-Lübbe. 2015

Borges, Jorge Luis: *Fiktionen: Erzählungen 1939-1944*. 14. Auflage. Fischer Taschenbuch. 1952

Brams, Steven & Taylor, Alan: Fair division: *From Cake-Cutting to Dispute Resolution*. Cambridge University Press. 1996

Bromand, Joachim & Kreis, Guido; *Herausgeber: Gottesbeweise: von Anselm bis Gödel*. Suhrkamp Verlag. 2011

Bruss, F. Tomas: Strategien der besten Wahl. *Spektrum der Wissenschaft*, 102-104. 2004.5

Christakis, Nicholas A. & Fowler, James H.: *Connected: The Surprising Power of our Social Networks and how They Shape our Lives*. Little Brown & Company. 2009

Christian, Brian & Grifths, Tom: *Algorithms to Live by*. Harper Collins Publishers. 2016

Cohen, Joel E.: *How Many People can the Earth Support?* Norton, New York. 1995

Eichler, Alex: Was April 11, 1954 the most boring day in history? *The Atlantic*. 2010.11.29

Fehr, Benedikt: Zweitpreis-Auktionen: Von Goethe erdacht, von ebay genutzt. FAZ.net. 2007.12.22

Forger, Daniel B.: *Biological Clocks, Rhythms, and Oscillations. The Theory of Biological Timekeeping*. MIT Press, Cambridge (USA). 2017

Friedl, Birgit: *General Management*. 2. Auflage. Utb Taschenbücher. 2017

Fröbe, Stephanie & Wassermann, Alfred: *Die bedeutendsten Mathematiker. Neuauflage*. Matrix Verlag. 2003

Galinsky, Adam D., Todd, Andrew R. u. a.: Maximizing the gains and minimizing the pains of diversity. *Perspectives on Psychological Sciences*, 10, 6, 742-748. 2015.11.17

Gigerenzer, Gerd, Todd, Peter M. & The ABC Research Group: *Simple Heuristics that Make us Smart*. Oxford University Press. 1999

Gigerenzer, Gerd: *Das Einmaleins der Skepsis. Über den richtigen Umgang mit Zahlen und Risiken*. Berliner Taschenbuch Verlag. 2004

Gigerenzer, Gerd u. a.: Helping doctors and patients make sense of health statistics. *Psychological Science in the Public Interest*, 8, 2, 53-96. 2007

Gigerenzer, Gerd: *Bauchentscheidungen: Die Intelligenz des Unbewussten und die Macht der Intuition*. Goldmann Verlag. 2008

Gigerenzer, Gerd; Gaissmaier, Wolfgang u. a.: Glaub keiner Statistik, die du nicht verstanden hast. *Spektrum der Wissenschaft*, 34-39. 2009.9

Gigerenzer, Gerd & Gaissmaier, Wolfgang: Heuristic decision making. *The Annual Review of Psychology*, 62, 451-482. 2011

Gott III, J. Richard: Implications of the Copernican principle for our future prospects. *Nature*, 363, 315-319. 1993.5.27

Hand, David J.: *Die Macht des Unwahrscheinlichen: Warum Zufälle, Wunder und unglaubliche Dinge jeden Tag passieren*. Verlag C.H. Beck, Munchen. 2015

Henze, Norbert & Riedwyl, Hans: *How to Win More - Strategies for Increasing a Lottery Win*. A.K. Peters (USA). 1998

Hesse, Christian: *Expeditionen in die Schachwelt*. Chessgate AG, Nettetal. 2006

Hesse, Christian: *Wahrscheinlichkeitstheorie: Eine Einfuhrung mit Beispielen und Anwendungen*, 2. Auflage, Vieweg und Teubner Verlag. 2009

Hesse, Christian: *Christian Hesses mathematisches Sammelsurium*. Verlag C. H. Beck, München. 2012

Hesse, Christian: *Damenopfer. Erstaunliche Geschichten aus der Welt des Schachs*. Verlag C. H. Beck, München. 2015

Hesse, Christian: *Math Up Your Life*. Verlag C. H. Beck, München. 2016

Höfner, Eleonore & Schachtner, Hans-Ulrich: *Das wäre dochgelacht. Humor und Provokation in der Therapie*. 4. Auflage. Rowohlt Taschenbuch Verlag. 1997

Ingraham, Christopher: We have a pretty good idea of when humans will go extinct. The Washington Post. 2017.10.6

Josten, Gerhard: *Auf der Seidenstraße zur Quelle des Schachs*. Diplomica Verlag, Hamburg. 2014

Knuth, Donald: Sorting and Searching. *The Art of Computer Programming. Volume 3*. 2nd edition. AddisonWesley. 1998

Koch, Richard: *Das 80/20 Prinzip: Mehr Erfolg mit weniger Aufwand*. 3. Auflage. Campus Verlag. 2008

Kondo, Marie: *Magic Cleaning: Wie richtiges Aufraumen Ihr Leben verändert*. 35. Auflage. Rowohlt Taschenbuch Verlag. 2013

Krishna, Vijay: *Auction Theory*. 2nd edition. Academic Press, San Diego. 2010

Kwak, Byung-Jae; Song, Nah-Oak & Miller, Leonard E.: Performance analysis of exponential backoff. *IEEE/ACM Transactions on Networking*, 13, 2, 343-355. 2005

Littlewood, John E.: *A Mathematician's Miscellany*. Methuen. 1960

Lorenz, Jan u. a.: How social influence can undermine the wisdom of crowd effect. *Proceedings of the National Academy of Sciences of the USA*, 108, 22, 9020-9025. 2011.5.31

Martin, David: Most untranslatable word. Todaytranslations. 2008.11.27. https://www.todaytranslations.com/news/most-untranslatable-word

Minton, Roland & Pennings, Timothy J.: Do dogs know bifurcations? *The College Mathematics Journal*, 38, 5, 356-361. 2007

Morgan, James: How to win at rock-paper-scissors. BBC News. 2014.5.2. www.bbc.com/news/science-environment-27228416

Murray, James, Gottman, John u. a.: *The Mathematics of Marriage: Dynamic Nonlinear Models*. MIT Press, Cambridge (USA). 2005

Nigrini, Marc: *Benford's law: Applications for Forensic Accounting, Auditing and Fraud Detection*. John Wiley & Sons. 2012

Nowak, Martin A. & Highfeld, Roger: *Supercooperators-Altruism, Evolution, and Why we Need Each Other to Succeed*. Free Press, New York. 2011

Pauli, Wolfgang & Jung, Carl G.: *Wolfgang Pauli und C. G. Jung: Ein Briefwechsel 1932-1958*. Springer. 1992

Pennings, Timothy J.: Do dogs know calculus? *The College Mathematics Journal*, 34, 3, 178-182. 2003

Philipps, David P., van Voorhees, Camilla A. & Ruth, Todd E.: The Birthday: Lifeline or Deadline? *Psychosomatic Medicine*, 54, 532-542. 1992

Plimmer, Martin & King, Brian: *Unglaublich aber wahr: 290 Zufälle und andere unglaubliche Geschichten*. Bastei Lübbe. 2007

Plüss, Mathias: Das Genie & der Wahnsinn. Der Tagesspiegel. 2008.1.13. https://www.tagesspiegel.de/wissen/mathematik-das-genie-und-der-wahnsinn/1139308.html

Prelec, Drazen; Seung, H. Sebastian & McCoy, John: A solution to the single-question crowd wisdom problem. *Nature*, 541, 532-535. 2017.1.26

Prescott, James W.: Body pleasure and the origins of violence. *Bulletin of the Atomic Scientists*, 31, 9, 10-20. 1975

Proctor, Robert N. & Schiebinger, Londa; Herausgeber: *The Making and Unmaking of Ignorance*. Stanford University Press. 2008

Rapoport, Anatol: *Kämpfe, Spiele und Debatten. Drei Konfliktmodelle*. Verlag Darmstädter Blatter. 1976

Reuter, Bernhard Maria; Kurthen, Martin & Linke, Detlef Bernhard: Kausalitat und Synchronizitat. *Analytische Psychologie*, 21, 286-308. 1990

Riechmann, Tomas: *Spieltheorie*. 4. Auflage. Vahlen. 2013

Robbins, Herbert: Some aspects of the sequential design of experiments. *Bulletin of the American Mathematical Society*, 58, 5, 527-535. 1952

Robertson, Jack & Web, William: *Cake-Cutting Algorithms: Be Fair if You Can*. A. K. Peters (USA). 1998

Rotjan, Randi D.; Chabot, Jeffrey R. & Lewis, Sara M.: Social context of shell acquisition in coenobita clypeatus hermitcrabs. *Behavioral Ecology*, 21, 3, 639-646. 2010

Sagan, Carl: *Der Drache in meiner Garage. Oder die Kunst der Wissenschaft, Unsinn zu entlarven*. Droemer Knauer. 1997

Sarasvathy, Saras D.: *Effectuation: Elements of Entrepreneurial Expertise*. Edward Elgar Publishing. 2009

Schnabel, Ulrich: Linguistik. Bnuter Bchutsabensalat. ZEIT-Online. 2006.2.9. www.zeit.de/2006/07/S_36_Kleintext

Schneider, Martin: *Teflon, Post-it and Viagra*. Wiley-VCH. 2006

Serkh, Kirill & Forger, Daniel B.: Optimal schedules of light exposure for rapidly correcting circadian misalignment. *PLOS Computational Biology*, 10, 4 : e1003523. 2014.4.10

Spiegelhalter, David: Understanding Uncertainty. Blog. https://understandingun

certainty.org/blog

Statistisches Bundesamt: *Statistische Jahrbucher 2000-2017*, Wiesbaden

Steinhaus, Hugo: The problem of fair division. *Econometrica*, 16, 101-104. 1948

Surowiecki, James: *Die Weisheit der Vielen*. Börsenbuchverlag. 2017

Tanenbaum, Andrew S. & Bos, Herbert: *Moderne Betriebssysteme*. 4. Auflage. Pearson Studium. 2016

Tuk, Mirjam; Trampe, Debra & Warlop, Luk: Inhibitory spillover: increased urination urgency facilitates impulse control in unrelated domains. *Psychological Science*, 22, 5, 627-633. 2011

Usher, Ian: *A Life Sold - What Ever Happened to That Guy Who Sold His Whole Life on Ebay*. Widsor Vision Publishing. 2010

Vohs, Kathleen D.; Redden, Joseph P. & Rahinel, Ryan: Physical order produces healthy choices, generosity, and conventionality, whereas disorder produces creativity. *Psychological Science*, 24, 9, 1860-1867. 2013

Waal, Frans de: *Der Affe in uns*. Dtv Verlagsgesellschaft. 2009

Wegner, Daniel M. & Schneider, David J.: The white bear story. *Psychological Inquiry*, 14, 326-329. 2003

Wewetzer, Hartmut: Der Nutzen ist fraglich. Der Psychologe Gerd Gigerenzer über Sinn und Unsinn der BrustkrebsReihenuntersuchung. Interview. Der Tagesspiegel. 2005.6.1

감사의 말

제목만 정해 놓은 단계부터 책을 출간하기까지 여러모로 도움을 주신 한나 라이트게프 씨께 큰 감사를 전한다. 출판 목록에 이 책을 포함하고 진행 과정에서 즐거운 마음으로 함께 일할 수 있게 배려해주신 귀터슬로 출판사 측에도 감사드린다. 책이 만들어지는 모든 단계에서 친절한 상담과 답변을 주신 편집자 토마스 슈미츠 씨께도 특별히 감사드리고 싶다.

나의 가족, 안드레아 뢰멜레와 한나 헤세, 레나르트 헤세에게 가장 큰 감사를 드린다. 가족은 가능한 모든 일과 몇몇 불가능한 일을 해내며 나와 늘 함께했다.

찾아보기

옮긴이 강희진

한국외국어대학교 통역번역대학원 한독과를 졸업하고 현재 프리랜서 번역자로 활동하고 있다. 옮긴 책으로는 《22가지 수학의 원칙으로 배우는 생각공작소》《통계의 거짓말》《범죄 수학》《수포자를 위한 몰입 수학》《나는 괜찮지 않다》《직관의 힘》 등이 있다.

인생이 풀리는 만능 생활 수학

초판 발행 2019년 12월 10일

지은이 크리스티안 헤세
옮긴이 강희진
펴낸이 김정순
편집 장준오 허영수 박은영
디자인 김수진
마케팅 김보미 임정진

펴낸곳 (주)북하우스 퍼블리셔스
출판등록 1997년 9월 23일 제406-2003-055호
주소 04043 서울시 마포구 양화로 12길 16-9(서교동 북앤빌딩)
전자우편 henamu@hotmail.com
홈페이지 www.bookhouse.co.kr
전화번호 02-3144-3123
팩스 02-3144-3121

ISBN 979-11-6405-048-2 03410

해나무는 (주)북하우스 퍼블리셔스의 과학 브랜드입니다.

이 도서의 국립중앙도서관 출판시도서목록(CIP)은 서지정보유통지원시스템 홈페이지(http://seoji.nl.go.kr)와 국가자료공동목록시스템(http://www.nl.go.kr/kolisnet)에서 이용하실 수 있습니다. (CIP제어번호: CIP2019047432)